南京水利科学研究院出版基金资助出版

缴健　丁磊◎著

潮汐分汊河口工程约束作用下
河床形态研究

河海大学出版社
HOHAI UNIVERSITY PRESS
·南京·

图书在版编目(CIP)数据

潮汐分汊河口工程约束作用下河床形态研究 / 缴健，
丁磊著. -- 南京：河海大学出版社，2021.12
ISBN 978-7-5630-7358-0

Ⅰ. ①潮… Ⅱ. ①缴… ②丁… Ⅲ. ①河口—水利工
程—约束—河床地形—研究 Ⅳ. ①TV856②P931.1

中国版本图书馆 CIP 数据核字(2021)第 276468 号

书　　名	潮汐分汊河口工程约束作用下河床形态研究	
	CHAOXI FENCHAHEKOU GONGCHENG YUESHU ZUOYONG XIA HECHUANG XINGTAI YANJIU	
书　　号	ISBN 978-7-5630-7358-0	
责任编辑	张心怡	
责任校对	卢蓓蓓	
封面设计	张世立	
出版发行	河海大学出版社	
地　　址	南京市西康路 1 号(邮编：210098)	
电　　话	(025)83737852(总编室)　(025)83786934(编辑室)　(025)83722833(营销部)	
经　　销	江苏省新华发行集团有限公司	
排　　版	南京布克文化发展有限公司	
印　　刷	苏州市古得堡数码印刷有限公司	
开　　本	700 毫米×1000 毫米　1/16	
印　　张	9	
字　　数	180 千字	
版　　次	2021 年 12 月第 1 版	
印　　次	2021 年 12 月第 1 次印刷	
定　　价	65.00 元	

前　言

PREFACE

　　潮汐河口区域作为河流与海洋的过渡地带,交通便捷,资源丰富,具有得天独厚的自然条件,往往在此形成人口聚集、经济发达的大型港口城市,在经济社会发展中具有重要的地位。近十几年来,在人类活动和气候变化的影响下,进入河口的水沙过程和数量发生着显著变化,河口防洪(潮)、航运、供水等安全问题凸显,河口研究成为热点和难点。

　　我国64条大中型入海河口中有分汊河口24条,占37%。长江口作为我国最大的河口,是典型的分汊河口之一,呈现"三级分汊,四口入海"的格局。自1998年以来,分3期实施了北槽深水航道建设工程,于2010年建成竣工。在入海水沙变化和河口工程的影响下,长江口北槽分流比减小,深水航道回淤严重,最大年回淤量超过1亿 m^3,严重影响了长江口深水航道效益的发挥,因此,保证南北槽深水航道畅通关乎长江经济带的未来发展。

　　在以往的研究中,短时间尺度上的变化过程(年间和年际)被广泛关注,如航道回淤、航道疏浚等问题,很少涉及工程的中长时间尺度(十年至百年)影响。对于分汊河口,多数研究关注有整治工程一汊的变化,而关于整治工程对分汊河口系统整体影响的研究较少。近年来,整治工程作用下短时间尺度的地形冲淤模拟精度不断提高,形成了相对成熟的技术方法,如长江口深水航道回淤预测技术;而关于工程影响下中长时间尺度冲淤演变的研究还比较匮乏。分汊河口的两汊属于整体系统,两汊相互制约和相互调节,一汊修建整治工程完成后,系统将通过调整两汊的河相关系和分流分沙来构建新的平衡制约关系。目前关于整治工程约束下分汊河口中长期地貌演变的研究不足,整治工程-动力-地貌演变之间的相互影响关系尚不明确,对工程建设后的长期演变趋势分析也缺乏可靠的预测依据。

　　作者所在团队在国家重点研发计划以及国家自然科学基金等项目的资助下,针对潮汐分汊河口工程约束作用下的河床形态开展了相关研究工作。本书共六章,第一章对河口河床形态的研究进展进行了综述,并介绍了研究区域(长江口南北槽)概况。第二章分析了长江口深水航道建成前/后的南北槽分流分沙比、河床冲淤演变、典型断面变化以及近年来深水航道回淤特征。随后根据工程约束下的河口河床形态特点改进了基于最小活动假说的河床形态公式,提出适用于工程影响的河床形态公式。第三章与第四章通过概化数学模型分析了分汊河口—汊建设航道整治工程完成后,对水动力、泥沙输运以及地貌演变的影响,随后分别研究了无工程约束下与有整治工程约束下的不同径潮流动力(径流、潮差、分潮组合以及径潮流组合)对分汊河口地貌演变的影响,以确定河口冲淤演变的主要动力因素。第五章根据工程影响下的河口地貌演变特征改进了现有长期地貌演变模拟技术,通过长江口数学模型对整治工程影响下的南北槽河段实现40年冲淤演变预测。全书由缴健、丁磊主笔,杨啸宇、景文洲、王逸飞、王欣、黄宇明协助撰写。在本书的编写过程中,南京水利科学研究院窦希萍总工给予了悉心指导,在此表示由衷感谢。河海大学、长江水利委员会水文局、上海河口海岸科学研究中心等单位对本书的编写给予了大力支持,对于保证成书的质量和进度起到了很大的作用,在此表示感谢。

本书的出版得到了三峡后续工作项目(126302001000200002)、江苏省水利科技项目(2020002)、国家自然科学基金(51979172)、河口海岸保护与治理创新团队(Y220013)、中央级公益性科研院所基本科研业务费(Y220006)以及南京水利科学研究院专著出版基金的支持,谨此表示感谢。

限于作者水平,错漏之处在所难免,敬请读者批评指正。

作者

2021 年 9 月

目 录

CONTENTS

第一章

绪论

1.1 问题的提出

潮汐河口区域作为河与海的过渡地带,交通便捷,资源丰富,具有得天独厚的自然条件,往往在此形成人口聚集、经济发达的大型港口城市。据统计,世界上最大的 32 个城市中有 22 个位于河口地区,世界范围内 60% 的人口居住于河口地区[1]。在潮汐河口地区,随着潮汐涨落而周期性淹没和出露的滩地被称为潮滩,滩面水浅,生长着各类潮滩植被,是大量鸟类、鱼类等动物的栖息地[2],物种丰富。因此,河口三角洲具有重要的社会经济意义与生态环境价值。

在世界范围内,潮汐河口受到径流、潮汐、波浪、台风暴潮等众多自然动力因素的影响[3-4]。由于所受的动力条件不同,河口地貌形态也表现出明显差异。Galloway[5]基于潮汐、波浪和径流这 3 个因子提出了河口地貌的三角形分类法,除波浪控制的河口外,潮汐、径流控制的河口常呈现分汊形态,如巴布亚新几内亚的弗莱河口(Fly Estuary)、印度尼西亚的马哈坎河口(Mahakam Estuary)、孟加拉的布拉马普特拉河(Ganges-Brahmaputra Estuary)。我国的 64 条大中型入海河口中包含 24 条分汊河口,占 37%,其中流域面积较大的分汊河口有长江、瓯江、闽江、鸭绿江及九龙江[6]。

我国的河口问题比任何国家都复杂,尤其是处于经济最发达地区的巨型河口——长江口。长江口是长江黄金水道的龙头,作为我国最大的河口,呈现"三级分汊,四口入海"的格局,是典型的分汊河口之一。同时,其因动力强,河势多变,航运、淡水、土地供需矛盾十分突出而受到国内外广泛关注。长江口在开发与保护的过程中一直面临着河势不稳、滩槽变动、航道淤积、盐水入侵等挑战[7]。近几十年来,随着经济社会的发展和人口的增加,长江口地区受到越来越多的人类活动的影响。一方面,上游流域治理工程如三峡水利枢纽等工程的建设拦蓄了大量下泄泥沙,进入长江口的水沙过程和数量发生显著变化[8];另一方面,长江口地区的航道整治、围垦、疏浚等整治工程加剧了河口未来冲淤演变的不确定性[9-10]。长江口南北槽是长江口第3级分汊,处于长江河口陆海相互作用的最前缘,是长江水沙输送入海的主要通道[11],也是长江航运的主要通道[11]。河口拦门沙的存在阻碍了南北槽航运的发展,为了打通拦门沙,自1998年起分3期实施了北槽深水航道建设工程,2010年北槽12.5 m深水航道建设工程竣工[12]。长江口南槽5.5 m航道于2013年开通,8 m航道于2018年底动工。在工程影响下,长江口北槽分流比减小,深水航道回淤严重,最大年回淤量超过1亿m³[13],影响了长江航道的经济效益,因此,保证南北槽航道畅通关乎长江经济带未来的发展。

针对深水航道等工程的运行对南北槽水动力、泥沙、滩槽演变和水环境的影响已存在大量的研究,但现有研究通常较多关注短时间尺度上的变化过程(年间和年际),如航道回淤、航道疏浚等问题,很少涉及工程在中长时间尺度(十年至百年)上产生的影响。同时,在分汊河口的研究中,较多关注有治理工程一汊的变化,而关于治理工程对分汊河口整体影响的研究较少。目前,治理工程作用下短时间尺度的地形冲淤模拟精度不断提高,并形成了相对成熟的技术方法,如长江口深水航道回淤预测技术;而关于工程影响下中长时间尺度冲淤演变的研究目前还比较不充分。由于分汊河口的两汊属于整体系统,其相互制约、相互调节,尤其在治理工程的影响下其动力条件相互作用关系更加复杂,令未来地貌演变预测更具挑战性。因此,以长江口南北槽为例开展分汊河口治理工程影响下的地貌中长期演变研究,预测新的平衡制约关系,深入认识治理工程对河口的作用,对于指导工程设计和管理具有重要意义。

根据现有资料与研究结果,近年来长江口南北槽地区主要冲淤演变来自大型工程的影响。现有研究较多关注工程对水动力、泥沙运动以及短期航道回淤的影响,但大型工程如深水航道治理工程,对地貌演变的影响往往是长期的。目前的研究较少关注工程对未来长周期地貌格局的影响。同时,长江口属于潮汐分汊河口,目前的研究较多关注北槽深水航道的冲淤变化,关于深水航道治理工程给南槽以及南北槽整体带来的影响的研究较少,汊道间的相互影响关系尚不清楚。因此,总结现有问题如下。

(1)对于深水航道治理工程实施后南北槽汊道系统动力地貌的演变规律尚无系统研究。

深水航道治理工程的实施对南北槽地区的地貌演变产生了巨大影响,目前开展的研究大部分集中针对北槽深水航道回淤,少量研究对南槽以及分流口进行了演变分析,但尚未将南北槽地区作为一个分汊河口系统进行考虑,对两汊间的影响没有定性结论。

(2)分汊河口工程约束下动力与地貌演变之间的关系研究不充分。

河口地区受到径流、潮流等动力的共同作用,动力条件复杂。例如,长江口南北槽地区同时受到径流、潮流、波浪、盐度、风暴潮以及人类活动的共同影响，单一影响因素对于深水航道治理工程后地貌的贡献尚不清楚。因此，关于工程约束条件下不同动力对地貌演变的影响，尤其是长期影响，以及两汊之间的影响研究不够深入。

（3）现有河床形态公式不适用于工程约束下的分汊河口。

整治工程约束了河道的横向发展，针对现有河床形态的研究方法不再适用，如：在基于最小活动假说的河床形态关系式中以宽深比作为河床的活动性指标，但在整治工程约束作用下宽度不能继续发展。因此，关于如何优化现有公式使其适用于工程约束下的河口仍需要进一步研究与验证。

（4）分汊河口长周期地貌演变模拟技术不足。

长江口北槽深水航道治理工程实施后，南北槽地区未来的发展趋势可以采用数学模拟的方法进行预测。目前，基于数学模型的整治工程影响下长江口南北槽中长期演变预测还比较欠缺，虽然已有长期地貌演变模拟技术，但技术手段仍不成熟，研究人员对加速因子、动力条件概化等方面均缺乏科学统一的认知。目前，长江口南北槽冲淤演变的研究大多集中于"深水航道回淤"这一主题，而关于深水航道治理工程对南槽的影响以及未来几十年的发展趋势研究较少。缺乏一套可靠性强的数学模型对未来长江口南北槽进行中长期地貌演变预测，从而为河口管理提供科学依据与指导。

本书的科学问题可以简要概括为：阐明分汊河口水、沙及地貌动力与整治工程的相互作用关系，预测整治工程作用下未来 40 年的地貌演变趋势。

1.2 河口河床形态研究综述

1.2.1 潮汐河口形态研究

河口形态的研究可以分为河口平面形态研究和断面形态研究。对于河口平面形态，根据 Galloway[5] 河口地貌的三角形分类法，径流控制下的河口通常形成向海延伸的三角洲和分支汊道，潮汐控制下的河口类似于河口湾，其中分布着与主槽潮流平行、与岸线垂直的条状岛屿，而波浪控制下的河口呈现出更加规则的岸线。除波浪控制的河口外，其他形式的河口常呈现分汊形态。

在我国，金元欢[6]最早给出分汊河口的定义：来自上游的径流在某一段时间内由 2 个或 2 个以上的口门流入海洋。孙志林[7] 参照 Brice 所定义的分汊河流[8]将分汊河口定义为各汊道间被江心洲明显分开且位置较为固定的河口，无固定水道的游荡型河口不包括在内。河口的分汊状态是河口自身根据其水沙动力条件以及河道特性等因素不断调整的结果。

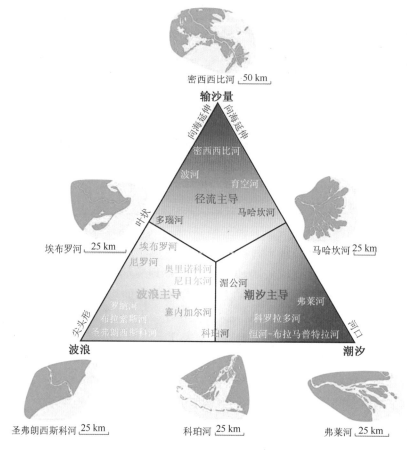

图 1-1　基于主控动力因子的河口分类法[5]

　　金元欢[9]指出了河口分汊的 2 个基本条件:河口向海的淤积延伸和口门的展宽。在口门处,径流和落潮流因河口口门展宽而扩散,同时海水的顶托作用导致流速急剧减小,挟沙能力迅速减弱,推移质运动停滞,悬移质泥沙落淤,从而形成拦门沙。大颗粒的推移质优先淤积在拦门沙附近,絮凝作用促进细颗粒悬移质的落淤,拦门沙逐渐形成心滩雏形。落潮时的低水位使得心滩露出水面,在心滩与主河槽间形成二次环流,靠岸泥沙被环流淘刷向心滩淤积,拦门沙逐渐发育成拦门岛,河口因此得以分汊。几乎所有河口都有拦门沙,但并不是所有河口都得以发育成分汊河口。河口是否分汊以及汊道的数量、形态主要取决于径流和潮流动力的相对强弱[10],与 Galloway[5]的研究可以相互作为补充。

　　对于河床断面形态,早期研究主要是通过水文统计的经验分析方法来建立河床形态与水流、泥沙之间的关系[11]。随着对河床断面形态理解的深入,逐渐发展出通过最小能量法、河床最小活动假说等方法研究的河床断面平衡形态。最小能量法认为,河流系统若能够达到平衡状态,则其输水能耗率和输沙能耗率应当是最小值[12]。当达到最小能耗率损失,即最小单位水流功率时,河流便处于相对稳定的准平衡状态。

基于最小活动假说的河床形态由窦国仁提出,从流域、河流及河口的整体观点出发,从理论上探讨了冲积河流及感潮河口段的河床形态[13]。河床的最小活动性原理是指河床在受水流、泥沙运动作用下的冲淤变化过程中逐渐向活动性最小的断面形态调整。在给定的来水、来沙及河床边界条件下,河床形态可能不同,是由于河床具有不同的稳定性或活动性。建立了与河床宽深比、相对作用力等参数相关的河床活动性指标,利用水量连续方程式、输沙平衡方程式以及河床最小活动性方程,可以求出河床水力形态关系式,当含沙量相近时,流量愈大,宽深比就愈大。

1.2.2 中长期地貌演变数学模型研究

动力地貌(morpho-dynamics)研究是将动力过程与泥沙运动过程、地貌演变过程相结合的研究[14]。过去几个世纪以来,动力地貌演变研究的焦点主要集中于经济发达、人类居住集中的河口和近岸地区,如荷兰西斯凯尔特河口(Western Scheldt Estuary)、英国默西河口(Mersey Estuary)、中国长江口等,这些河口的共同特点是都经历了高强度开发过程,目前长江口仍处于开发阶段。世界范围内的河口由于其水沙条件、地质背景、气候特征和人类活动而千差万别,因此不同河口的演变过程和主控因子也各不相同,但河口冲淤演变的核心是水动力作用下的泥沙净输运的累积结果[15]。

河口的地貌冲淤演变过程涉及不同的时间与空间尺度,单一的模型无法满足所有的研究目的[16],因此目前国际上根据不同的研究方法与目的可将动力地貌模型分为解析模型(Analytical Model)、基于行为的半经验模型(Semi-empirical Model)、基于物理过程的模型(Process-based Model)。解析模型基于动量和质量守恒方程,较多被用来研究河口水、沙、盐的运动[17],Schuttelaars[18]用小参数展开法求床面变化的渐进解,可以用来解释河口的演变机制,但由于缺乏对复杂水沙过程的描述,不适用于复杂动力条件下河口的冲淤演变计算。基于行为的半经验模型主要根据地貌平衡的经验关系[19],利用 P-A 关系等来描述或预测河口或潮汐汊道中长期地貌演变状态[20],如 ASMITA 模型[21],此方法适用于大尺度、长周期河口地貌变化的计算,并且可结合疏浚等工程影响,具有快捷、简便的优点,但目前不适用于导堤等工程情况。

在实际物理过程中,水动力时间尺度远小于地貌动力时间尺度,早期的处理方法是和地形变化离线耦合,即水动力计算时地形保持不变,地形更新时假定水动力条件不变[22,23]。随着计算机的发展,物理过程模型能更精细地计算水动力、波浪、泥沙输运、地形冲淤等,将不同动力进行耦合。对于长周期地貌演变,是由短时间尺度的地形冲淤变化叠加而来[24]。但若要在中长周期地貌动力模型中实现水动力驱动泥沙输运进而引起地形更新的完整过程,需要很强的计算能力和大量的计算时间,目前这样的直接模拟计算还无法实现。因此,为提高地貌模型的效率,近二十年来科研人员逐渐发展出多种地貌加速技术,如潮周期平均、地貌快速诊断、地貌加速因子实时更新和并行计算实时更新[25]。目前常用的是地貌加速因子方法,在模型中实现了对每一个时间步长都进行地貌更新并且根据加速因子进行加速,保证了地形变化和水动力之间的反馈机制,可以代表实际的冲淤演变过程,因此被广泛应用于河口海岸中长周期动力地貌模拟。加速因子的选取需要通过充分的敏感性试验确定[26]。

在河口地貌研究中,泥沙余输运是研究长期地貌演变的重要手段[27]。在潮汐系统中,潮汐不对称是产生潮周期泥沙余输运(TRST)的主要机制之一,其他因素包括河流流量、引力流、沉降和冲刷滞后效应等。潮汐不对称的特点是潮汐水位涨落不平衡、最大涨落潮流流速不均等[28]。Friedrich 等[29]提出用 M_2、M_4 分潮相位差判断河口海岸地区潮流的涨落潮优势。潮波变形导致的余输运及其梯度决定了河口海岸动力地貌形态以及盐水入侵特征,Van de Kreeke 等[30]用调和分析的方法研究了 M_2、M_4、M_6 等分潮的叠加变形对径流量较小的河口泥沙余输运的作用。从潮汐组分方面考虑,潮汐不对称性可以通过 M_2 与其倍潮(如 M_4、M_6、M_8)之间的相互作用来反映。M_2 与 M_4 的振幅比(A_{M_4}/A_{M_2})用于反映潮汐不对称的大小,相对相位差($2\varphi_{M_2}-\varphi_{M_4}$)用于分类潮汐不对称的性质。具体而言,潮汐相位差($2\varphi_{M_2}-\varphi_{M_4}$)在 $0°$ 到 $180°$ 之间表示涨潮占优,其特征是涨潮期较短且涨潮流流速较大;潮汐相位差在 $180°$ 到 $360°$ 之间表示落潮占优,其特征是落潮期较短且落潮流流速较大。同时,潮汐的不对称性也可受河床形态和上游径流的影响。Guo 等[31]利用一维模型研究了不同径流作用下 M_2-M_4 诱导的潮汐不对称对 TRST 和由此产生的地貌动力学的影响,但是多个潮汐不对称的净效应未得到充分研究。径流可以增强潮汐衰变和潮波变形,从而改变地表潮汐的不对称性。

近年来,国内外在河口的中长期演变模拟研究领域已取得一些成果。针对荷兰西斯凯尔特河口,Van der Wegen 做了大量关于长周期地貌演变的工作,利用 Delft 3D 数学模型模拟了河口的长周期演变,发现在代表性潮汐条件下只考虑非黏性泥沙可以得到类似于实测地形的滩槽交互的形态[32],通过进一步对各参数的敏感性分析,认为河口动力条件、泥沙供给及河口平面形态对河口地貌具有决定作用[33]。研究结果表明,物理过程模型能够用于实际河口的中长周期冲淤演变趋势预测。对于长江口,由于其空间尺度巨大,模型研究大多集中在局部地区,如九段沙[34]、南支[35]和前缘潮滩[36]。栾华龙[37]对长江口进行了 20 年的冲淤变化预测,认为黏性泥沙在长江口长期演变过程中起到的作用不可忽视。

1.2.3　河口整治工程

河口的整治建筑物有丁坝群、双导堤、鱼嘴等,常见的整治工程包括疏浚工程、挡潮闸工程和防护、堤防工程等。

丁坝束窄主槽水流,形成坝头分离流和坝尾回旋流。20 世纪 50 年代国内外已经开始通过试验和理论分析的方法对非淹没[38]和淹没[39]丁坝的绕流机理进行研究。窦国仁[40]根据动量守恒原理建立了丁坝附近单位水体的运动方程,得到丁坝回流长度的计算公式。在此公式和理论基础上,丁坝局部冲刷深度和丁坝群的合理布置逐渐展开,取得一系列具有实用价值的成果[41]。

修建导堤是治理河口拦门沙航道常用的手段,我国的长江口[42]、黄河口[43]、灌河口[44]、射阳河口[45]以及连云港[46]均建有双导堤工程,导堤工程实施后会对附近海域的水动力和岸滩产生一定程度的影响[47]。双导堤可以增大涨潮和落潮的流速,同时增大涨潮和落潮的挟沙能力,对航道维护有积极的一面。

疏浚工程是开发和维护航道、港口水域的主要手段之一[48]。河口拦门沙的存在使得河口整治工程中包含疏浚工程,主要为了开挖航道,打通拦门沙以满足航道设计底高程的要求。整治工程后期的维护阶段,主要采用疏浚的方式维持航道水深以满足通航需求。

1.2.4　长江口深水航道治理工程影响研究

长江口深水航道治理工程实施前/后,大量研究主要关注深水航道的回淤问题。长江口深水航道治理工程实施前,主要围绕各类泥沙数学模型的建立和各期工程的航道回淤预测。潘仁良等[49]采用动态系统辨识理论与时间序列分析相结合的方法对长江口北槽人工航道淤积过程进行了预报,与实际情况相吻。王涛等[50]采用垂向二维悬沙数学模型预测了长江口北槽航道整治后 3 个月的地形变化。窦希萍[51,52]采用平面二维悬沙和底沙数学模型预测了长江口深水航道一、二、三期的回淤分布和年回淤量。徐福敏等[53]通过三维潮流数学模型计算,分析了长江口深水航道一期工程兴建后的北槽航道淤积原因。曹振轶等[54,55]采用非均匀悬沙二维数学模型模拟了长江口感潮河段含沙量的变化。李国杰等[56]采用垂向二维悬沙数学模型模拟了长江口北槽段的含沙量变化过程。

长江口深水航道治理工程实施中和实施后,主要围绕航道回淤成因和减淤措施进行研究。刘杰[57]认为由于近几年南港深泓总体较为稳定,南、北槽落潮分流比的调整变化主要与由长江口深水航道治理工程引起的南北槽分流边界条件、北槽阻力和河槽容积变化有关;北槽落潮分流比与北槽河槽总容积、南北槽落潮分流比与各自进口段的河槽断面平均水深之间均具有较好的相关性;对北槽坝田淤满后南北槽的落潮分流比和进口段河槽冲淤的平衡量值进行了预测。谈泽炜[58]认为,2005 年后淤积量集中在北槽中段,具有洪季大于枯季的明显特征,与该段的絮凝沉降等特性基本一致,说明北槽中段泥沙的淤积形态主要是悬沙落淤,而不能认为是底沙的输移。谈泽炜[59]利用数学模型反演了洪季大潮水文条件下二期工程前(完善段工程后)、后航槽轴线上的落、涨急流速沿程分布,认为北槽航道回淤量增大并集中主要与动力条件的变化有关。刘猛通过对长江口口外风浪以及北槽深水航道回淤资料的分析,认为高能波浪增加了深水航道回淤量[60];南导堤两侧滩面变化是受波浪、水流两种动力的综合作用驱动的,其中波浪动力是引起高滩冲刷的主要原因[61]。

关于南北槽潮汐分汊河口系统的研究不多,窦润青[62]将长江口南槽和北槽作为一个整体系统,利用实测地形资料和 FVCOM 数值模型计算流场,研究近十余年北槽落潮分流比和分沙比的变化原因。冯凌旋[63]、谢华亮等[64]基于实测资料对长江口南北槽分流口的地形及分流沙洲洲头(九段沙)演变,及其对北槽深水航道治理工程的响应进行研究。

综上,目前世界范围内对河口长期地貌演变开展的研究较多,拥有较为成熟的技术手段,但针对工程影响下的中长期地貌演变的研究较少。目前,国内动力地貌研究尤其是长周期动力地貌模拟研究,尚处于起步阶段,针对长江口深水航道治理工程的影响所开展的研究大多关注北槽或分流口的变化,少量研究关注了南槽的变化。深水航道治理工程对南槽以及南北槽整体带来的影响的相关研究较少,汊道间的相互影响关系尚不清楚。同时,目前已有研究较少关注工程对未来长周期地貌格局的影响。

1.3 研究区域概况

1.3.1 长江口简介

长江全长 6 300 多 km,为我国第一、世界第三大河,流域总面积 180 多万 km²,多年平均入海水量约 9 000 亿 m³。其充沛的径流携带大量泥沙下泄河口,在陆海动力相互消长的作用下,塑造了宽阔的河口三角洲。徐六泾节点以下为河口段,徐六泾至原口外 50 号灯标全长约 181.8 km,河段平面呈喇叭形,长江在白茆河口被崇明岛分为南、北两支,北支为支汊,南支为主汊。南支河段以七丫口为界分为上、下两段。上段为徐六泾节点段和白茆沙汊道段,下段由扁担沙分成南支主槽段与新桥水道。新石洞水闸以下,中央沙和长兴岛将南支分为南港和北港,南港自中央沙头至南北槽分汊口长约 31 km,北港自中央沙头至拦门沙外长约

80 km,南、北港皆为顺直河槽,分流比约各占 50%。在横沙岛东南,九段沙将南港分为南、北两槽,南槽自南北槽分汊口至南汇嘴长约 45 km,北槽自南北槽分汊口至深水航道北导堤头长约 59 km。因此,长江口整体是"三级分汊,四口入海"的河势格局,北支、北港、北槽、南槽为 4 个入海通道,见图 1-2。北槽为长江口深水航道治理工程所在,长江口南支-南港-北槽为目前的主要通海航道。

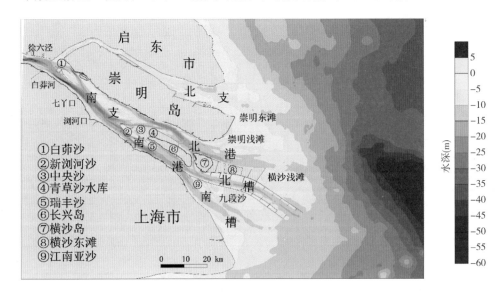

图 1-2 长江口河势示意图

1.3.2 长江口深水航道治理工程

1.3.2.1 北槽 12.5 m 深水航道治理工程

长江口作为连通长江与外海的通道,由于其拦门沙自然水深仅 6 m 左右,严重制约了长江口及其上游沿岸的发展。为解决长江口的航运瓶颈,本着"一次规划,分期建设,分期见效"的原则,深水航道治理工程分 3 期实施,由分流口工程、南导堤工程、北导堤工程、丁坝群和疏浚工程组成,水深分阶段增深至 8.5 m、10 m 和 12.5 m。工程从 1998 年开始,历时 13 年,一、二、三期分别于 2002 年 9 月、2005 年 11 月、2010 年 3 月通过国家竣工验收,打造出一条长 92.9 km,底宽 350~400 m 的双向航道,顺利完成工程建设目标。深水航道治理工程中南、北导堤工程的主要作用,一是形成北槽优良河型,为修筑丁坝形成治导线提供依托;二是阻挡北槽两侧滩地泥沙在风浪作用下进入北槽航道;三是归集漫滩落潮水流和拦截江亚北槽的落潮分流,增强北槽的水流动力,并消除横沙东滩窜沟给北槽输沙带来的不利影响。丁坝工程的主要作用是形成合理的治导线,使治导线范围内的流场分布有利于深水航道的成槽和维护。疏浚工程的主要作用是通过疏浚成槽,开挖及维护深水航道。工程主要建设规模见表 1-1,工程示意图见图 1-3。

表 1-1 长江口深水航道治理工程建设规模及施工进度

实施阶段		一期工程(含完善段)	二期工程	三期工程	合计
分流口	南线堤(km)	1.60	—	—	1.60
	潜堤(km)	3.20	—	—	3.20
南导堤(km)		30.00	18.08	—	48.08
北导堤(km)		27.91	21.29	—	49.20
丁坝数量		10	14	11	19
航道水深(m)		8.5	10	12.5	—
航道底宽(m)		300	350~400	350~400	—
航道疏浚长度(km)		51.77	74.47	92.2	—
时间段		1998.10—2001.06	2002.05—2005.03	2006.09—2010.03	1998.10—2010.03

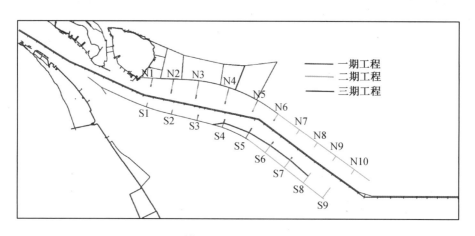

图 1-3 北槽深水航道治理工程分期示意图

长江口深水航道治理工程完工后,经过几年的运行维护,为进一步降低航道回淤量和维护成本,于 2015 年 11 月开始实施长江口 12.5 m 深水航道减淤工程南坝田挡沙堤加高工程(加高段 S4—S8 长 19.2 km,新建段 S8—S9 长 4.6 km,总长约 23.8 km),工程平面布置见图 1-4。其中,加高段 S4—S8 于 2016 年 9 月通过交工验收;新建段 S8—S9 于 2016 年 12 月底通过交工验收。

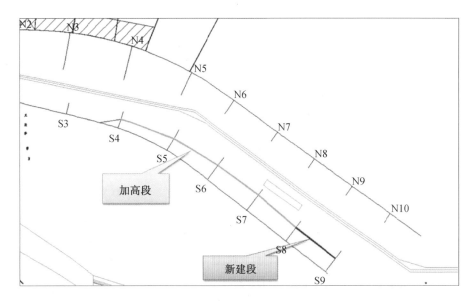

图 1-4　南坝田挡沙堤加高工程平面布置示意图

1.3.2.2　南槽航道治理工程

南槽航道同样也是长江口重要的航运通道,全长约 86 km,是较小船舶和吃水较浅的空载大中型船舶进出长江口的主要航道。2009 年后,受南槽拦门沙浅滩水深的限制,吃水相对较大的船舶均需乘潮通航,迫使部分吃水 6～7 m 的船舶不得不改走北槽,使得北槽航道通航压力增加,船舶通航效率降低。为维护长江口航道良好的通航局面,满足船舶的通航需求,改善航道通航效率,2012 年 3 月起实施了长江口南槽航道疏浚工程,南槽 5.5 m 航道于 2013 年 5 月开通。

为了满足长江口日益增长的通航需求,长江口南槽航道治理一期工程于 2018 年 12 月开工。工程建成后,南槽航道成为长 86 km、水深 6.0 m、宽度 600～1 000 m 的优质辅助航道。主要建设内容包括沿江亚南沙南缘向下游建设 1 条护滩堤,上游顺接长江口 12.5 m 深水航道分流鱼嘴南线堤,总长约 16 km。疏浚南槽航道长约 14 km,挖槽宽度 600 m,疏浚底高程-6.0 m。

1.3.3　长江口水沙条件

1.3.3.1　长江口上游来水条件

根据历史资料统计,大通站以下干流区间入江流量约占大通站流量的 3%,大通水文站的流量、泥沙特征基本代表长江口来水、来沙特征,因此长江口的来水来沙条件可通过大通站资料进行分析。

从大通站来水来沙的年际变化看,二十世纪五六十年代出现丰水多沙年和中水中沙年的组合较多,七十年代出现了 3 次小水少沙年;八十年代上半期出现大(中)水多沙年;进入九十年代中后期,长江连续出现几次大水,大通站 1995 年洪峰流量为 74 500 m³/s,1996 年出现洪峰流量 75 000 m³/s,1998 年和 1999 年洪峰流量分别为 81 700 m³/s 和 84 500 m³/s。三峡工程蓄水后,长江上游来水来沙出现小水少沙年,大通站 2003 年后的平均径流量与三峡工程蓄水前的多年均值相比减小了 9.8%,2011 年大通站年平均流量为 21 200 m³/s,为历年最小(图 1-5)。

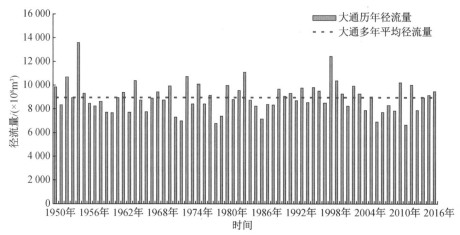

图 1-5　1950—2016 年大通站历年径流总量分布

(资料来源:长江口水文水资源勘测局)

通过长江大通站的流量过程资料分析可以发现,2003 年以后长江的口上游来水量相对比较稳定,年径流量 8 000 多亿 m³,平均流量基本维持在 30 000 m³/s 左右(图 1-6)。年内径流量分布不均,洪、枯季明显,大流量过程主要集中在洪季5—10 月(图 1-7、图 1-8)。自 2003 年三峡工程蓄水以来,对长江月径流量具有一定"削峰平谷"的调节作用,但不同年份的月径流量差别还是比较大,尤其是洪季的月径流量年际差别比较大,最大的超过 2 倍。

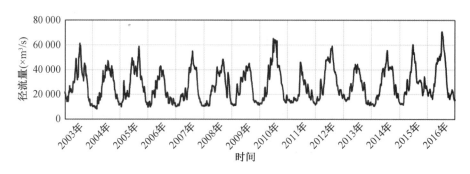

图 1-6　2003—2016 年大通站日均径流量随时间变化曲线

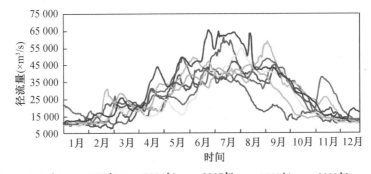

图 1-7 2003—2010 年大通站日均径流量年际对比图

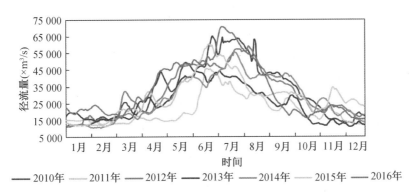

图 1-8 2010—2016 年大通站日均径流量年际对比图

1.3.3.2 长江口上游来沙条件

长江输沙量与径流变化具有一定关系,上游三峡工程等因素导致长江上游来沙量逐年减少,年内输沙量也变化显著,原本随洪季径流增加而剧增的输沙量被显著削减,原本输沙较少的枯季并未发生太大变化(图 1-9、图1-10)。三峡工程蓄水后,长江上游来水来沙出现小水少沙年,大通站 2003 年后的平均输沙量与三峡工程蓄水前的多年均值相比,减小了 64.0%,2011 年的大通站年输沙量仅为 0.718×10^8 t,是自二十世纪五十年代以来最小的。

图 1-11 所示为 2003 年三峡工程建成以来长江大通站的逐月来沙量比较。从图中可以看出,上游来沙量的变化规律与径流相似——洪季大,枯季小。来沙主要集中在 5 月至 10 月,最大来沙量主要出现在 7 月、8 月和 9 月,而 5 月、6 月的来沙量明显要小于 9 月、10 月,这与径流变化有所不同。

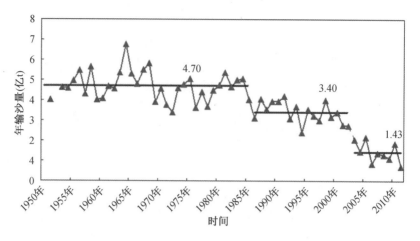

图 1-9　长江大通站年输沙量变化图

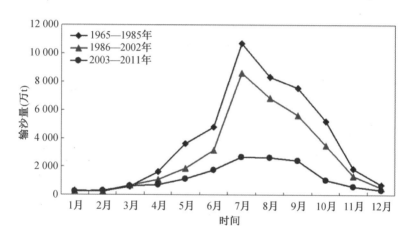

图 1-10　长江大通站多年月平均输沙量变化图

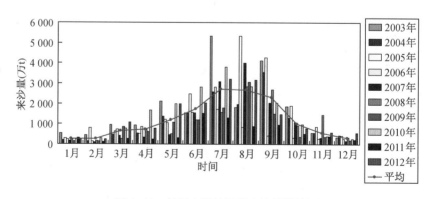

图 1-11　长江大通站逐月来沙量统计图

1.3.3.3 潮流与潮汐

长江口为中等强度潮汐河口,潮汐为非正规半日浅海潮,每日两涨两落且日潮不等现象明显。相对于径流较大的变化而言,潮流年际变化较小,图 1-12 为 2003—2016 年绿华山站潮位图。根据统计,多年平均潮差为 2.63 m,平均高潮位为 3.39 m,平均低潮位为 1.88 m。

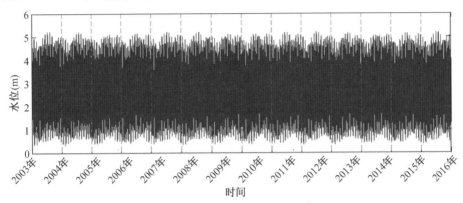

图 1-12 绿华山潮位站 2003—2016 年潮位过程线(理论潮面)

采用 T_tide 调和分析方法对 2003—2016 年绿华山潮位站潮位过程进行调和分析,主要分潮振幅统计见表 1-2。A_0 代表平均海平面,可以看出,平均海平面略有上升趋势。国家海洋局统计数据显示,1980—2017 年我国沿海平均海平面上升速度为 3.2 mm/a(区域为整个中国沿海),需引起重视。M_2 为主要分潮,振幅变化范围为 1.13~1.24 m;其次是 S_2 分潮,振幅变化范围为 0.53~0.55 m。这 2 个分潮的叠加作用形成了长江口外海大、中、小潮的现象。

表 1-2 绿华山站 2003—2016 年主要分潮振幅统计(理论潮面)

年份	主要分潮振幅(m)									
	A_0	Sa	MSf	O_1	P_1	K_1	N_2	M_2	S_2	K_2
2003 年	2.748	0.21	0.00	0.19	0.08	0.31	0.22	1.21	0.54	0.17
2004 年	2.745	0.11	0.00	0.18	0.07	0.27	0.22	1.22	0.54	0.16
2005 年	2.750	0.18	0.02	0.16	0.07	0.29	0.21	1.19	0.53	0.14
2006 年	2.744	0.15	0.00	0.21	0.08	0.31	0.21	1.13	0.54	0.18
2007 年	2.742	0.15	0.00	0.20	0.07	0.31	0.20	1.15	0.54	0.17
2008 年	2.811	0.18	0.02	0.17	0.07	0.27	0.21	1.18	0.53	0.15
2009 年	2.779	0.18	0.02	0.19	0.07	0.29	0.21	1.16	0.54	0.17
2010 年	2.788	0.14	0.00	0.18	0.08	0.28	0.22	1.18	0.54	0.16

续表

年份	主要分潮振幅（m）									
	A_0	Sa	MSf	O_1	P_1	K_1	N_2	M_2	S_2	K_2
2011年	2.770	0.21	0.03	0.16	0.08	0.27	0.22	1.19	0.55	0.14
2012年	2.856	0.21	0.02	0.16	0.07	0.26	0.21	1.19	0.53	0.13
2013年	2.819	0.11	0.01	0.15	0.08	0.25	0.22	1.22	0.54	0.12
2014年	2.860	0.18	0.02	0.13	0.08	0.24	0.21	1.21	0.55	0.11
2015年	2.823	0.17	0.02	0.13	0.08	0.23	0.22	1.22	0.53	0.11
2016年	2.898	0.23	0.03	0.13	0.07	0.23	0.22	1.24	0.51	0.10

外海潮汐特征的年内变化统计见表 1-3。可以看出，每个月的平均潮差略有变化，其中 2 月、3 月较低，8—10 月较大，变化幅度约为 10%。1 月、8 月的最大潮差较大，5 月的最小。

表 1-3　绿华山站 2003—2016 年不同月份潮汐特征统计（理论潮面）

月份	潮汐特征			
	平均潮差（m）	最大潮差（m）	平均高潮位（m）	平均低潮位（m）
1月	2.50	4.56	3.37	1.88
2月	2.48	4.51	3.41	1.87
3月	2.51	4.45	3.42	1.86
4月	2.56	4.01	3.40	1.89
5月	2.60	3.89	3.37	1.90
6月	2.64	3.95	3.35	1.92
7月	2.68	4.23	3.35	1.90
8月	2.74	4.50	3.40	1.85
9月	2.78	4.29	3.42	1.86
10月	2.77	4.28	3.41	1.88
11月	2.70	4.13	3.38	1.89
12月	2.59	4.08	3.35	1.91

1.3.3.4　风场与波浪

长江口及邻近外海海域位于副热带季风气候区，风向季节性变化显著，夏季盛行偏南风，冬季盛行偏北风。根据资料可知，常风向春季为 SE—SSE，夏季为 SSE—S，秋季为 NNE—NE，冬季为 NW—NNW。长江口每年都会出现大风情况,包括台风和寒潮。冬季和初春发生的寒潮常伴有北偏西北大风,最大风速为24 m/s;夏季常受台风侵袭,有近一半台风可出现8~9级风力。在长江口区,每年的7—10月是台风多发季节。据初步统计,2010—2016年期间,有18次台风与寒潮影响到长江口,平均每年3次。其中,2012年次数最多(6次),2014年其次(5次),2015年仅有"灿鸿"1次,以上均对长江口深水航道回淤产生了一定影响。2016年台风期间风速见图1-13。

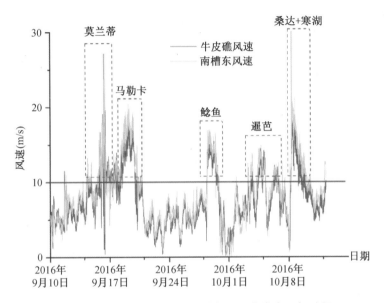

图 1-13　2016 年 9—10 月期间长江口非常态天气过程

于南槽东站测得,2016年有效波高超过1.0 m的持续时间普遍较长,连续外围台风对12.5 m深水航道维护产生了一定的影响(图1-14)。

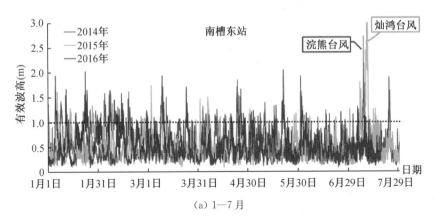

(a) 1—7 月

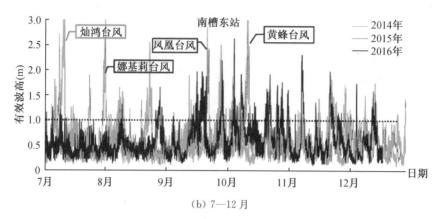

(b) 7—12 月

图 1-14 长江口(南槽东站)2014—2016 年 1—12 月有效波高变化过程图

1.3.3.5 南港—北槽河床质

长江口 12.5 m 深水航道回淤泥沙主要存在悬沙落淤、底沙输移两种淤积形式。

历次河床质采样结果表明(图 1-15),北槽中下段航道内泥沙颗粒较细,以悬沙落淤为主,而南港及圆圆沙段航道内泥沙颗粒偏粗,受底沙影响更大。南港、圆圆沙段航道呈明显的波动变化过程。其中,南港航道底质各测次中值粒径平均值达 0.144 mm(细砂),变化范围在 0.069~0.184 mm 之间;圆圆沙段航道底质中值粒径平均值为 0.073 mm(极细砂),变化范围在 0.041~0.116 mm 之间。北槽中下段航道底质总体保持稳定,粒径变幅较小,中值粒径平均为 0.042 mm(粗粉砂),变化范围在 0.023~0.061 mm 之间。

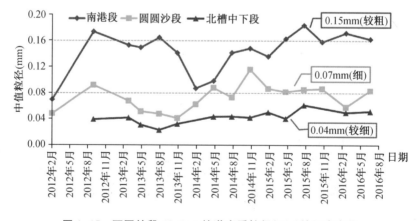

图 1-15 不同航段 12.5 m 航道底质粒径(D_{50})的历次变化

2016 年洪、枯季航道底质分布见图 1-16,是上海河口海岸科学研究中心通过采用箱式采泥器得到的河床质取样成果。南港航道回淤物粒径相对较粗,大多超过0.100 mm；圆圆沙段航道回淤物的中值粒径范围是0.030～0.120 mm，且不同测次粒径变化范围较大；北槽航道回淤物的中值粒径一般为0.030～0.040 mm，且洪、枯季接近，北槽回淤集中的中下段回淤土粒径明显小于南港及圆圆沙段。与以往研究相比较，12.5 m航道维护期的回淤物质与10 m航道维护期（2007—2008年）的基本相同，即纵向沿程泥沙粒径"上粗下细"。

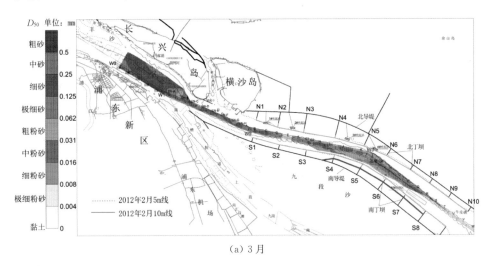

(a) 3月

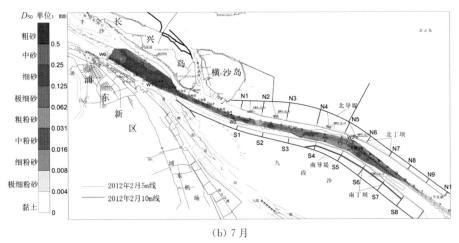

(b) 7月

图1-16　2016年南港—北槽河床质 D_{50} 平面分布（河口中心专项采样）

1.3.4　北槽深水航道回淤特征

2010—2018年深水航道年平均回淤量为7 300万 m^3，各年度回淤量分别为8 015万 m^3、8 546万 m^3、10 080万 m^3、8 106万 m^3、7 621万 m^3、6 940万 m^3、5 401万 m^3、5 454万 m^3 和5 550万 m^3（图1-17）。从统计数据上看，2010—

2012 年的航道回淤量逐年增大,2012 年后航道总体回淤量有所减少,航道回淤主要集中在北槽中下段。2016 年南坝田挡沙堤建成后,航道回淤量总体趋于稳定。

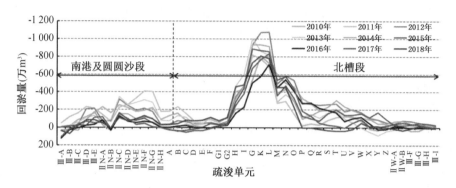

图 1-17　历年 12.5 m 航道回淤总量沿程分布对比

表 1-4　2010—2018 年长江口深水航道回淤量统计表　　单位:万 m^3

区段	南港段(Ⅲ-A—ⅡN-A)	圆圆沙段(ⅡN-B—A)	南港及圆圆沙段小计	北槽段(B—Ⅲ-I)	合计
2010 年	602	1 453	2 055	5 960	8 015
2011 年	908	2 051	2 959	5 588	8 546
2012 年	460	1 294	1 754	8 326	10 080
2013 年	391	1 712	2 103	6 003	8 106
2014 年	193	566	759	6 863	7 621
2015 年	287	441	728	6 212	6 940
2016 年	—27	344	317	5 084	5 401
2017 年	87	293	380	5 074	5 454
2018 年	127	561	688	4 862	5 550

注:此表根据各年航道考核测图对应时段的航道回淤量统计。

12.5 m 深水航道贯通初期的 2010—2011 年,北槽常态回淤量约为 5 000 万 m^3;2012 年达最高峰 6 996 万 m^3;2013—2014 年稳定在约 5 800 万 m^3;2015 年下降至 5 409 万 m^3。

自 2009 年三期 YH101 减淤工程的实施及航道逐步增深至 12.5 m 后,北槽总体呈现"主槽冲刷,坝田淤积"的变化,工程建成初期地形调整变化较快,而后逐渐趋缓,工程作用下的北槽地形调整自 2009 年开始持续了约 5 年时间。这几年,北槽航道常态回淤量主要受三期工程实施后水沙地形调整的影响,各年受来水来沙条件、潮位、温度等影响而有所波动。

12.5 m深水航道贯通初期,北槽常态回淤量有较大幅度的变化。其中,2012年回淤量最大,这与2012年北槽总体潮位较高且受风浪影响大造成北槽泥沙补给多,引起2012年北槽主槽普遍淤浅,滩槽高差加大,航道回淤量增大有关。在2012年常态回淤量达峰值后,相对于2012年,2013年的水温总体偏高,但潮位偏低,风浪影响小,使北槽泥沙补给少,同时北槽主槽冲刷,滩槽高差减小,河床总体趋于稳定,令2013年的回淤量回落。2014年北槽常态回淤量与2013年的基本相当,在5 800万 m³左右。2015年北槽常态回淤量从2014年的5 728万 m³下降至5 409万 m³,回淤量减少了约320万 m³。

长江口的输入条件主要包括上游的来水来沙量、外海潮汐动力。根据大通站来水来沙量资料,长江口近年来的来水量没有发生明显的趋势性变化,但来沙量有明显减小的趋势[65]。南北槽拦门沙所处最大浑浊带水域,其含沙量近年来并未出现明显下降现象[66],说明河口拦门沙地区的含沙量、来沙量减少不存在明显的响应关系。可以推断,长江河口来沙量减少不是南北槽地区近十多年来发生冲淤调整的直接驱动力。

通过绿华山站的潮位资料分析可以看出,绿华山站潮位年际间变化不明显,平均水位略有所上升,但不足以对南北槽冲淤演变格局造成影响。

大风浪对南北槽冲淤演变有一定的作用,但由于目前关于南北槽风暴潮前后滩槽演变观测资料有限,根据深水航道回淤资料分析,航道回淤仍以常态淤积为主,例如2016年骤淤量占比不足5%。同时,近年来北槽深水航道南导堤加高工程、横沙东滩圈围工程的实施使得长江口北槽内的风浪进一步减小,可以认为常态风浪对于长江口南北槽地貌演变的影响较小。

因此,长江口南北槽的地形演变是流域、海域来沙和局部泥沙沉降、淤积、再悬浮,尤其是河口大型工程影响的综合作用结果。

第二章

工程约束下长江口南北槽冲淤演变特征

本章首先对长江口深水航道建成前后的南北槽分流分沙比进行统计分析，采用实测地形资料分析深水航道建设前后 1998 年、2002 年、2011 年、2016 年的河床冲淤演变、典型断面变化以及近年来深水航道回淤特征。随后根据工程约束下河口河床形态的特点改进了基于最小活动假说的河床形态公式，提出适用于工程影响的河床形态公式，与一维模型计算结果进行比较，并通过长江口北槽断面资料进行验证。

2.1 资料与研究方法

2.1.1 资料及其来源

为了研究长江口深水航道治理工程对长江口南北槽地形冲淤演变的影响，需要对长江口实测地形资料进行收集整理。与此同时，为了分析地形冲淤演变的原因，收集了长江口南北槽 2010—2018 年洪枯季分流分沙比。数据主要由长江水利委员会水文局长江口水文水资源勘测局提供。

2.1.1.1 地形资料

研究人员收集了工程实施以来 1998 年、2002 年、2011 年、2016 年的地形资料。1998 年为工程建设前测量地形，2002 年为一期工程结束后的地形，2011 年为三期工程结束后的地形，2016 年为最新地形。因此，1998—2002 年、2002—2011 年、2011—2016 年分别对应一期工程建设期间，二、三期工程建设期间以及三期工程建成后的地形冲淤变化。

2.1.1.2 南北槽分流分沙比资料

研究人员收集了 1998 年 8 月到 2017 年 7 月的长江口南北槽分流分沙比数据，其中包括每年一次洪季和一次枯季。

2.1.2　分析方法

2.1.2.1　数字高程模型(DEM)

地形资料均为数字化资料,对其建立数字高程模型(DEM)以进行分析。数据统一使用北京 54 高斯投影坐标系和理论深度基准面,中央经度为东经 123°。地形数据使用克里金插值方法插值,用于对比的数据组的网格位置保持一致。

地形冲淤分布图指用一年的地形减去另一年的地形得到的水深变化,正值代表淤积,负值代表冲刷,以反映研究区域内的局部冲淤变化分布。河槽的地形演变主要根据河槽容积、平均水深变化和典型断面变化来研究。河床稳定形态通过由窦国仁提出的基于最小活动假说的河床形态公式进行分析,对公式进行改进使其适用于整治工程约束下的河床。

2.1.2.2　基于最小活动假说的河床形态

在本书中,对潮汐河口形态的研究采用窦国仁于 1964 年提出的基于最小活动假说的河床形态公式,从流域、河流及河口的整体观点出发,从理论上探讨了冲积河流及感潮河口段的河床形态,并对其进行初步改进,使其适用于整治工程约束下的河口。以下对此方法进行简要介绍。

(1) 最小活动性原理

河床在冲淤变化过程中力求建立活动性最小的断面形态,河床的这种变化趋势被称作河床的最小活动性原理。水流的作用力与保持床面稳定的力的比值称为相对作用力,相对作用力和宽深比在此都被认为是表述河床稳定程度的指标。河床活动性的综合指标表示为:

$$K_n = a\left[\left(\frac{\beta v}{\alpha v_{0b}}\right)^2 + b\frac{B}{H}\right] \qquad (2\text{-}1)$$

式中:a 为与流量变幅相关的系数;b 为比例系数,根据大量实测资料得出 $b = 0.15$;α 为河岸和河底相对稳定系数,$\alpha = \frac{\alpha_{岸}}{\alpha_{底}}$;$\beta$ 为涌潮系数;v_{0b} 为河底泥沙颗粒的止动流速。

(2) 河床形态公式

平衡河床应当能够在一定时间内排泄全部来水量和来沙量,包括涨潮期间由海口进入的潮水量和沙量。利用水量连续方程式、输沙平衡方程式、动力方程式及河床最小活动性方程式导出河床水力几何形态关系式。

如果潮汐河口在 T 时间内的冲淤数量能够相互抵偿,则在该时间段内,上游来水量和来沙量,以及由下游海口涨入的水量和沙量,必然等于同一时期内落潮期间河床断面能排泄的水量和沙量,即:

$$W \mid W' = W'' = BHvT_{落} = QT_{落} \tag{2-2}$$

$$W_s + W'_s = W''_s = BHvS_* T_{落} = QST_{落} \tag{2-3}$$

式中：W、W_s 分别为上游来水量、来沙量；W'、W'_s 分别为下游涨入的水量和沙量；W''、W''_s 分别为 T 时期内落潮期间流出的总水量和总沙量；B 为平均潮水位时的水面宽；H 为相应的平均水深；v 为平均落潮流速；$T_{落}$ 为讨论时段 T 内的总落潮历时；S 为多年平均落潮含沙量；Q 为多年平均落潮流量（包括上游径流的平均流量）；S_* 为落潮流的平均输沙能力：

$$S_* = k \frac{v^3}{gHv_{0s}} \tag{2-4}$$

式中：k 为计算参数；v_{0s} 为悬沙止动流速，由式（2-5）确定：

$$v_{0s} = \frac{2.24}{M_{\max}\eta} \sqrt{\frac{\gamma_s - \gamma}{\gamma} gd} \tag{2-5}$$

式中：$M_{\max}$ 为水流的脉动参数，当相对光滑度 H/Δ 大于 1 000 时，$M_{\max}\eta \approx 1$；η 为底流速与平均流速的比值；γ_s 为泥沙颗粒的容重；d 为泥沙中值粒径。

计算参数 k 由式（2-6）确定：

$$k = 0.055 \gamma_s \eta (\sqrt{g}/C) \Phi \tag{2-6}$$

式中：g 为重力加速度；C 为谢才系数；Φ 为饱和状态下平均含沙量与河底含沙量的比。

联解得：

$$H = k \frac{v^3}{gSv_{0s}} \tag{2-7}$$

$$B = \frac{gv_{0s}SQ}{kv^4} \tag{2-8}$$

$$\frac{B}{H} = \frac{g^2 v_{0s}^2 S^2 Q}{k^2 v^2} \tag{2-9}$$

在给定的来水、来沙及河床边界条件下，河床形态可能不同，原因是不同的河床具有不同的稳定性或活动性。为力求冲积河流及潮汐河口活动性最小，其几何形态应符合下述条件：

$$\frac{\partial K_n}{\partial v} = 0 \tag{2-10}$$

$$\frac{\partial K_n}{\partial H} = 0 \tag{2-11}$$

$$\frac{\partial K_n}{\partial B} = 0 \tag{2-12}$$

代入式(2-1),可由其中任一条件得出河床活动性最小时的流速,代入式(2-7)、式(2-8)、式(2-9),即可得出稳定断面的形态方程式:

$$H = \left(\frac{7b}{2}\right)^{\frac{1}{3}} \left(\frac{k\alpha^2 v_{0b}^2 Q}{\beta g v_{0s} S}\right)^{\frac{1}{3}} \tag{2-13}$$

$$B = \left(\frac{2}{7b}\right)^{\frac{4}{9}} \left(\frac{\beta^8 g v_{0s} S Q^5}{k\alpha^8 v_{0b}^8}\right)^{\frac{1}{9}} \tag{2-14}$$

$$\frac{B}{H} = \left(\frac{2}{7b}\right)^{\frac{7}{9}} \left(\frac{\beta^{14} g^4 v_{0s} S^4 Q^2}{k^4 \alpha^{14} v_{0b}^{14}}\right)^{\frac{1}{9}} \tag{2-15}$$

$$A = \left(\frac{2}{7b}\right)^{\frac{1}{9}} \left(\frac{\beta^2 k^2 Q^8}{g^2 v_{0s}^2 S^2 \alpha^2 v_{0b}^2}\right)^{\frac{1}{9}} \tag{2-16}$$

式(2-15)表明,在河床土壤相近的情况下,断面宽深比的大小主要取决于水量和沙量的多寡,即 B/H 与 $Q^{\frac{2}{9}} S^{\frac{4}{9}}$ 成正比,含沙量相近时,流量愈大,宽深比就愈大。公式已经在长江、黄河、永定河、汉江、赣江、淮河、新安江、富春江、引黄渠系等无潮河流和渠道,以及钱塘江、射阳河、辽河、长江、曹娥江、浏河等潮汐河口的相关研究实践中得到了验证,基本适用。但在航道治理工程约束下的河口中,双导堤限制了河床宽度的发展,宽深比的变化受到限制,需要对公式进行改进。

2.2　工程作用下南北槽分流分沙比变化

已有研究结果表明,北槽深水航道治理工程的实施对分流分沙比影响显著,分流分沙比的变化影响了南北槽泥沙的输运,进而对南北槽冲淤造成影响。因此,本节利用实测资料对工程实施后分流分沙比的变化趋势进行分析。

2.2.1　分流比变化

由1998年8月至2017年7月南北槽涨落潮分流比(图2-1)可以看出,自长江口深水航道治理工程实施以来,北槽下断面落潮期分流比总体呈现波动减小的趋势。

2.2.1.1　深水航道治理工程对分流比影响

在长江口深水航道治理工程实施前,南北槽存在二级分汊。第一级位于江亚南沙头部,第二级位于九段沙头部。一期工程实施后,南导堤封堵了江亚北槽,南北槽由二级分汊转为一级分汊,分流口位于江亚南沙头部。

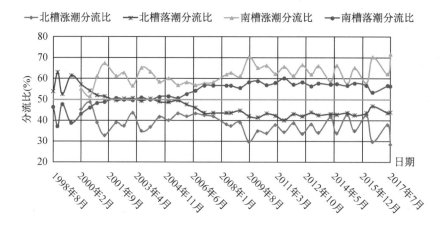

图 2-1　北槽、南槽涨落潮分流比

1998 年 11 月即开工建设后第 10 个月,北槽分流比达最大值 63.0%,随后次第回落,前快后慢,2007 年降至 43.5%左右。YH101 减淤工程实施后,河床阻力增大,分流比下降,2009 年 4 月曾降为 40.7%,后随着主槽冲刷,分流比逐渐回升,至 2013 年 2 月达到 43.7%,之后几年整体维持在 42%～44%之间。

分段来看,一期工程施工初期,北槽分流比变动剧烈,至 2000 年 5 月一期工程完成,分流比为 54.2%;随后的一年半时间内(至 2001 年 12 月),经历了完善段工程的建设,分流比在 51.4%～54.5%之间窄幅波动,即此期间北槽分流比均大于 50%;二期工程于 2002 年 4 月开始实施,至 2005 年 3 月全槽实现10.0 m 水深,此期间的北槽分流比在 48.7%～51.8%之间波动,平均值约为50%。北槽分流比小于 50%的时间段在 2004 年 5 月左右,其时一期丁坝加长工程建成不久。YH101 减淤工程完成后,至 2017 年 7 月,北槽分流比平均值为42.9%。2016 年 7 月,北槽落潮分流比达到近几年来的最高值 46.8%,这可能与测验期间大通流量较大(平均流量高达 69 800 m³/s)有关。

2.2.1.2　工程对分流比影响原因分析

影响汊道落潮分流比变化的主要因素有分汊口上游落潮主泓的摆动、汊道的分流条件、汊道的阻力以及河槽容积等。工程建设期间南港主泓总体稳定,因此,影响南北槽分流比变化的主要原因在于因工程引起的边界条件的变化和河槽容积的变化。

在工程建设初期,北槽分流比的增加主要源于江亚北槽的封堵,减少了分流。随着丁坝的建设,北槽的河床阻力不断增加,坝田的淤积又导致北槽河槽容积的整体减小,二者的共同作用导致北槽分流比减小。

随着工程的开展,南槽上段持续冲刷,河槽容积扩大,南槽分流比加大,亦相应减小了北槽分流比。现场跟踪监测资料显示,与长江口深水航道治理工程建设前相比,北槽落潮分流比累计减少约27%。为减小由单次测验分流比脉动带来的误差,工程建设前的统计时间段取1998年8月至1999年11月(该时段的分流比尚未显示出减小的趋势),4个测次的分流比平均值为58.1%,当前的统计时间段取2010年8月至2017年5月(波动起伏较小),各测次的平均值为43.1%。

2.2.2　分沙比变化

根据1998年8月至2017年7月南北槽分沙比统计资料显示,自长江口深水航道治理工程实施以来,北槽落潮期分沙比与分流比趋势一致,总体呈现波动减小的趋势。南北槽涨落潮分沙比见图2-2。北槽分沙比由工程前的50%左右下降至工程后的30%~40%。

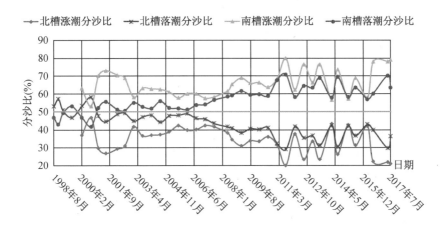

图2-2　北槽、南槽涨落潮分沙比

北槽分沙比的变化与分流比基本同步,在大部分测次中小于分流比,分沙比/分流比这一比值的多年平均值为0.93。略小的分沙比表明稍多的泥沙从南槽下泄,减少了北槽的泥沙来源,有利于减轻北槽的回淤。

2.2.3　分流分沙比变化对地形冲淤影响

由于深水航道潜堤工程确定了南北槽分流界线,同时受到工程实施后北槽河槽容积减小的影响,北槽入口段的落潮分流比明显减小,而南槽入口段的落潮分流比明显增大。北槽落潮量的减小使得入口段水流减缓,水流挟沙力下降,悬沙易落淤。同时,入口段向海的余流明显减小,向海输运泥沙的能力下降,导致泥沙聚集,发生淤积。另外,九段沙段的越堤流也可将大量泥沙携带至入口处,导致淤积现象的发生。南槽落潮量增大,落潮水流挟沙力增大,床底发生冲刷。

2.3 深水航道治理工程实施以来长江口南北槽地貌演变分析

2.3.1 南北槽地貌概述

长江口深水航道建成后,南北槽分流口已得到初步控制,其间滩槽演变也基本脱离了自然演变状态,进而转入有界条件下的可控状态。1998—2016 年南北槽区域地形见图 2-3,基准面为理论最低潮面。−5 m 等深线见图 2-4,−8 m 等深线见图 2-5。

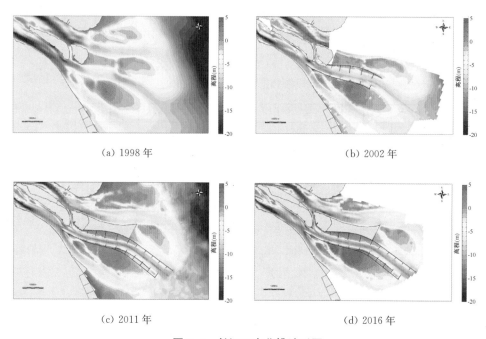

(a) 1998 年

(b) 2002 年

(c) 2011 年

(d) 2016 年

图 2-3 长江口南北槽地形图

北槽−5 m 等深线在工程实施后呈现向航槽方向移动的趋势。长江口深水航道建设以前(1998 年地形),北槽−5 m 等深线全线贯通,从上至下呈现逐渐展宽的状态。工程实施后,南侧上段即 S4 丁坝以上,−5 m 等深线平面摆动较小,南侧下段,−5 m 等深线逐渐由坝田向丁坝坝头前沿连线方向移动;北侧上段,2002 年−5 m 等深线达最大宽度,后逐渐向丁坝坝头前沿连线后退;至 2011 年,北槽北侧上段即 N5 丁坝以上,−5 m 等深线几乎与丁坝坝头前沿连线重叠,北侧下段,受北导堤与丁坝的影响,坝田淤积,原来水深大于 5 m 的地方淤浅,−5 m 等深线亦向航槽方向移动。

北槽−8 m 等深线在工程建设后全槽贯通,近年来稳定少变。工程实施前,

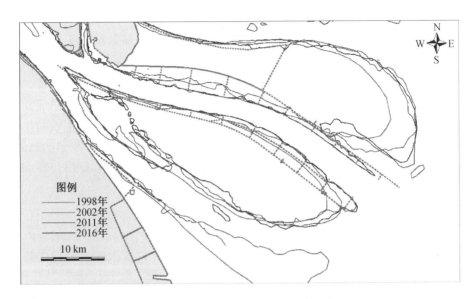

图 2-4　长江口南北槽-5 m 等深线

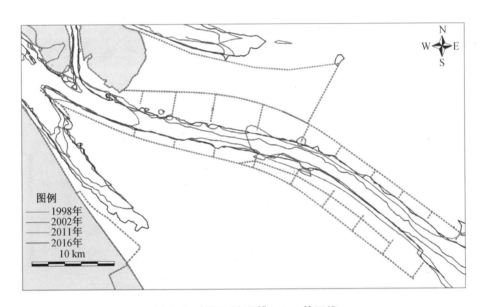

图 2-5　长江口南北槽-8 m 等深线

北槽-8 m 等深线上下中断,上段 8 m 深槽的尾部约在航道治理工程丁坝 N1 处,下段受到横沙东滩串沟入流的影响,形成一个长 22.4 km,平均宽度约 1.8 km 的 8 m 深槽。在工程的影响与疏浚作用之下,至 2002 年,北槽-8 m 等深线已全槽贯通。2011 年,北槽-8 m 等深线的平均槽宽约为 2.2 km,最窄段位于横沙通道出口上、长兴尾潜堤下,宽约 1.3 km。2011—2016 年,北槽

－8 m等深线稳定少变。

南槽的地貌变化相对于北槽而言较小。长江口深水航道治理工程实施前后,九段沙沙体的面积变化不大,但高程变化较大,总体表现为"长高不长大",这是由于深水航道南导堤封堵了九段沙滩面串沟,有利于九段沙沙体的淤涨。江亚南沙除上部沙体(分流口工程南堤尾部附近)局部有所冲刷外,总体呈滩面淤积、沙尾下延的变化特征。受深水航道治理工程的影响,原江亚北槽上口被工程南导堤封堵,受江亚北槽涨潮流顶冲以及南槽主槽与江亚北槽间水位差的影响,江亚南沙沙头－5 m等深线由江亚北槽向南槽主槽发育,至2016年可以看到其与南槽主槽贯通,形成新江亚北槽。

2.3.2 南北槽冲淤演变特征

南北槽1998—2016年冲淤分布图见图2-6。长江口深水航道治理工程建设后,演变特征主要表现如下。

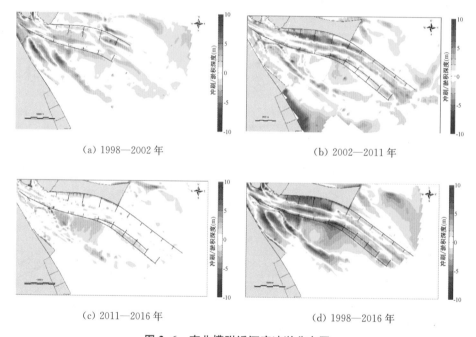

(a) 1998—2002 年 (b) 2002—2011 年

(c) 2011—2016 年 (d) 1998—2016 年

图 2-6 南北槽附近河床冲淤分布图

(1) 北槽地貌快速调整阶段

自1998年深水航道治理工程开工建设后,北槽受到整治工程的影响,处于快速调整阶段。整体而言,北槽上段主槽冲刷,坝田淤积,其中北侧淤积远大于南侧;北槽下段水深呈阶段性变化,在建设初期,北槽上段冲刷的泥沙下泄,在下段原深潭处形成一西北—东南走向的淤积带;深水航道治理建筑物完成以后,北槽下段航槽逐渐增深,两侧坝田淤积,其中南侧淤积大于北侧。

1998—2002 年,北槽在一期工程的影响下,入口段淤积严重,最大淤积深度超过 3 m。同时,坝田区与中段的弯曲段发生大量淤积,淤积强度为1~3 m。一期工程段内主槽上段出现明显冲刷,弯曲段北侧也能观察到明显冲刷。

2002—2011 年,北槽入口段继续发生淤积,淤积强度较前一阶段有所减弱,坝田区内保持较强的淤积厚度,一期工程的坝田区淤积强度明显大于二、三期工程坝田区。除入口段外,主槽发生普遍冲刷。

（2）北槽地貌自适应阶段

三期工程后,2011—2016 年,北槽处于工程后自适应阶段,冲淤变化较之前明显减弱。5 年间坝田内存在少量淤积,主槽有少量冲刷。总体来看,北槽在保持稳定滩槽格局的同时,呈现主槽缓慢冲刷、容积扩大,坝田区缓慢淤积、容积减小的变化特征。

（3）南槽上冲下淤

在 1998—2002 年深水航道一期工程施工期间,对南槽影响较大的是 1999 年 2 月江亚北槽封堵以及南导堤的修建,南槽主槽入口处发生淤积,上段不断冲深,冲刷深度为 3~5 m。南槽上段冲刷泥沙向下移动,造成中下段发生淤积,南汇边滩普遍淤积厚度为 0~1 m,且北侧的冲刷幅度大于南侧。一期工程后,南槽主要呈现上冲下淤的特点,整体冲淤幅度小于北槽。三期工程后,南槽整体处于微冲状态。

（4）江亚南沙、江亚北槽发展对航道维护不利

江亚南沙除上部沙体（分流口工程南堤尾部附近）局部有所冲刷外,总体呈现滩面淤积、沙尾下延的变化特征。从 2011 年−5 m 等深线图中可以看到,江亚南沙 5 m 沙尾于 2011 年侵入南槽中段航道,对航道通航产生一定影响。

南导堤封堵了江亚北槽,江亚南沙头部在南线堤头南侧的位置冲刷形成向东的滩面窜沟,并与原江亚北槽相接,涨落潮流的作用使江亚北槽冲深北移,并向下游九段沙南侧中下段延伸,若任由该趋势发展将会威胁九段沙下侧滩面的稳定。江亚北槽的进一步发育,一方面会导致大量底沙下泄,为下游拦门沙河段航道建设带来不利影响；另一方面将导致南槽内又形成新的分汊河道,破坏目前较为稳定的单一河道格局,新的分流口也将持续冲刷后退,不利于今后的航道建设和维护。

2.3.3　典型断面分析

为了更好地分析南北槽河床变化形态,在南槽、北槽分别选取 4 个断面,NC1 至 NC4,BC1 至 BC4,另外选取南北槽进流口断面 NBC。断面布置示意图见图2-7,断面起点为左岸,即北侧。

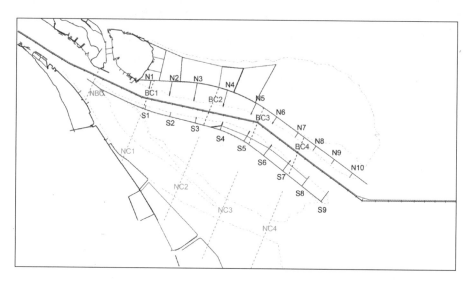

图 2-7 南北槽断面布置示意图

2.3.3.1 分流口变化

关于南北槽分流口断面(NBC),在工程建设初期,断面北槽河床迅速冲刷,深槽部位也从工程前的 13.0 m 迅速增深至 16.5 m(2002 年)。随着工程的开展,分流口断面未进一步发展,深槽逐渐淤浅,至 2011 年,最深处为 15.3 m。2011—2016 年,断面除左岸河床有所淤积外,其他位置变化较小。南槽断面在工程实施后迅速冲刷,在分流潜堤南侧形成冲刷沟,从工程实施前的−9.5 m 冲刷至−13.5 m(2002 年)。2002—2011 年,分流口断面南槽左淤右冲,断面变得宽浅。2011—2016 年,南槽断面持续冲刷,2016 年最大水深已达 15 m 左右,与北槽断面接近。

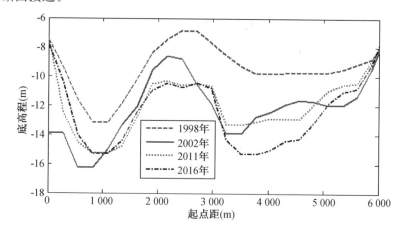

图 2-8 南北槽分流口不同时间断面对比图

　　分流口断面与南北槽分流比有着直接的关系,分流口南槽一侧自 1998 年至 2016 年不断扩大,因此增加了南槽的分流比。北槽一侧断面面积于 2002 年达到最大,后逐渐萎缩,分流比相应减小。据此认为,分流比与分流口断面之间互相影响。

2.3.3.2　北槽典型断面变化

　　一期工程段断面(BC1)。工程建设后猛烈增深,与工程建设前相比,2002 年深水区平均增深 2 m 以上,5 m 航槽扩宽约 1.3 km。随后,北侧坝田快速淤积,虽然 5 m 以下的水域宽度变化不大,但 3 m 以下的与工程前相比,至 2011 年缩窄了约 2 km,滩槽高差增大。2011—2016 年,断面上北导堤坝田区有所淤积,其他压位置变化较小。

　　完善段断面(BC2)。工程建设前,断面宽浅,−5 m 等深线宽近 6 km。在经历了自然增深和工程浚深后,2002 年 8 月以后航槽水深维持在 8.5 m 以上,两侧边滩扩大,左侧淤积幅度远大于右侧。以 3 m 水深边界统计,与工程建设前相比,2011 年左侧边滩向航槽方向移动了约 2.5 km,右侧向航槽方向移动了约 0.5 km。2011—2016 年,断面上北导堤坝田区有所淤积,深水航道北侧 6～12 m 水深区域冲刷,深水航道位置淤积,深水航道南侧变化较小。

　　拐弯段断面(BC3)。该断面位于原横沙东滩串沟下游,在串沟水流的冲刷下,北槽于此段形成一个自然深潭。工程建设前,该断面最深点为 10.5 m,远大于上下游。随着北导堤的建设和横沙东滩串沟的封堵,该断面淤积较大,至 2002 年,淤积至底高程不足 8 m,断面−5 m 等深线宽增大。随着工程的开展,该段水深恢复,在疏浚的辅助作用下,分别维持着一期工程的 8.5 m 和二期工程的 10 m 通航水深,两侧边滩均有所淤浅,滩槽高差增加。因该断面正位于 S5 丁坝上游侧,在丁坝坝前冲刷的作用下,在断面上右侧边滩可以看到明显的坝前冲刷坑。该断面位于南坝田挡沙堤加高工程(2015 年 11 月—2016 年 7 月)S5 位置,主槽冲淤变化较小,南坝田挡沙堤加高工程隔堤内滩面有所淤积。

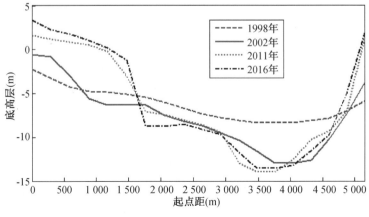

(a) BC1 断面

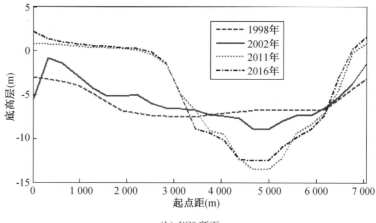

（b）BC2 断面

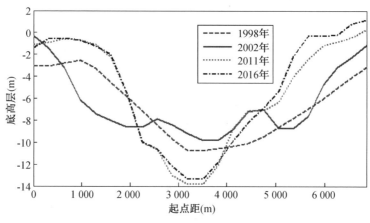

（c）BC3 断面

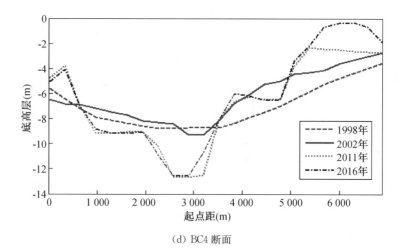

（d）BC4 断面

图 2-9 长江口北槽不同时间断面对比图

北槽下段中部(BC4)。断面上天然水深分布为宽浅状,左深右浅。随着工程建设的开展,该断面先淤浅后增深。在南北导堤的作用下,两侧滩地迅速淤高,与北槽中上段相反,本断面右侧淤积的宽度大于左侧。该断面位于南坝田挡沙堤加高工程 S7 下游附近,深水航道位置微淤,两侧微冲,南坝田挡沙堤加高工程隔堤内滩面淤积明显。

2.3.3.3　南槽典型断面变化

断面 NC1—NC4 位于南槽。NC1 断面位于江亚南沙中偏下段,为一复式断面。2002 年的断面与北槽治理工程前的相比,江亚北槽全面淤浅,南槽主槽普遍增深,深槽从 6.5 m 增深至 8.3 m。此后,江亚北槽左冲右淤,其深泓向南导堤侧移动。至 2010 年 8 月,副槽深泓从 3.7 m 刷深至 6.9 m,平面位置向南导堤方向移动了近 1 km,断面主槽平均增深约 1 m。

NC2 断面位于九段沙上段,江亚北槽出口处。在北槽深水航道治理工程建设初期,该断面左侧(九段沙南侧)迅速淤涨,滩槽高差增大,2002 年之后趋于稳定。断面中段源于江亚南沙尾部的发展,至 2011 年,从一个最浅点约 5 m 的隆起小沙体,变成一个浅于 5 m、宽度约 400 m、最浅点 2.4 m 的沙脊,在 2011—2016 年期间变化不大。江亚北槽先刷深后缩窄,总体以缩窄为主。断面右侧原岸外浅滩累积从 1.1 m 淤浅至 0.1 m,近岸小槽则从 2.7 m 淤浅至 1.4 m。

NC3 断面位于九段沙中部。结合平面图−5 m 等深线的变化看,九段沙中部南缘的位置十分稳定,但断面变化显示九段沙右缘在 2002—2011 年期间出现了一个冲刷槽,2011 年的冲刷槽深度达 4.9 m。随着冲刷槽的不断加深,到 2016 年,深槽已与主槽相连。

NC4 断面位于九段沙尾部,总体变化不明显。

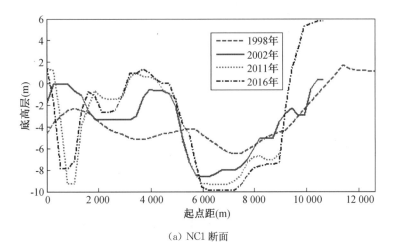

(a) NC1 断面

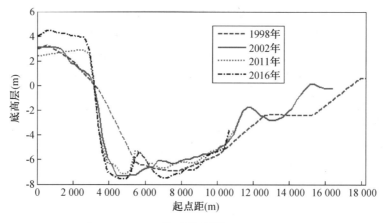

（b）NC2 断面

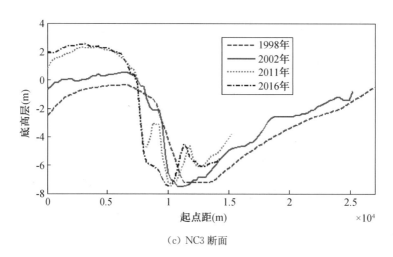

（c）NC3 断面

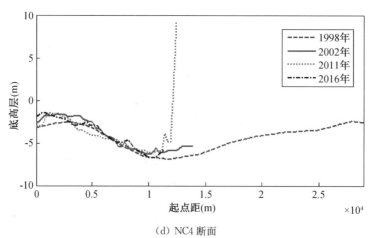

（d）NC4 断面

图 2-10　长江口南槽不同时间断面对比图

2.4　工程约束下河床形态研究

根据上一节的分析,北槽断面在深水航道治理工程的影响下,其断面从相对宽浅逐渐发展成为窄深型。这主要是因为工程建成后,双导堤工程的建设约束了河宽,疏浚工程浚深了河道;同时随着时间的推移,地形在整治工程约束与动力条件的共同作用下处于自我调整状态,丁坝坝田淤积进一步束窄了河道,在相同的来水来沙条件下,断面向深度方向继续发展,直至平衡。断面的这个状态可以采用由窦国仁提出的基于最小活动假说的河床形态公式进行研究。

2.4.1　工程约束下河床形态公式的提出

在 2.1.2 节中,已对基于最小活动假说的河床形态公式进行了介绍,但近年来,人们在长江口地区开展了大量整治工程,整治工程的约束使得原有的变量关系已不再适用。如在长江口 12.5 m 深水航道治理工程中,双导堤固定了河宽,因此宽度不能作为变量,宽深比不能作为表示河床稳定性的指标之一;原推导用宽深比(B/H)作为河床活动性指标,但工程建设后河宽受限,B/H 已不能作为河床的活动性指标。因此初步假设双导堤建成后河床宽度被固定,平均宽度 B 变为常数项。平均水深 H 不受双导堤工程的限制,仍可以用原式(2-13)表示。在河道中,断面面积 $A=B\times H$,同时 $A=Q/v$,因此 $B=Q/Hv$。在改进公式中采用 Q/Hv 代替原公式中的宽度 B,因此可用 $\dfrac{Q}{H^2 v}$ 作为河床活动性的指标之一,式中 Q 为平均落潮流量,v 为落潮平均流速。

由此,式(2-1)可改写为:

$$K_n = a\left[\left(\frac{\beta v}{\alpha v_{0b}}\right)^2 + b\frac{Q}{H^2 v}\right] \tag{2-17}$$

代入式(2-10)得:

$$v = \left(\frac{3\alpha b g^2 v_{0s}^2 S^2 v_{0b}}{\beta k^2}\right)^{\frac{1}{8}} \tag{2-18}$$

将式(2-18)代入式(2-7)可得:

$$H = \left(\frac{k}{gS v_{0s}}\right)^{\frac{1}{4}}\left(\frac{3bQ\alpha v_{0b}}{\beta}\right)^{\frac{3}{8}} \tag{2-19}$$

$$\frac{B}{H} = B\left(\frac{gSv_{0s}}{k}\right)^{\frac{1}{4}}\left(\frac{\beta}{3bQ\alpha v_{0b}}\right)^{\frac{3}{8}} \tag{2-20}$$

因此,在工程的约束下,假设宽度不变,平均水深 H 与 $Q^{3/8} S^{1/4}$ 成正比,即流量越大,平均水深越大;含沙量越大,平均水深越小。

2.4.2 河床形态公式与一维数学模型对比

采用河道一维模型对整治工程约束下的河床深度进行计算。一维概化采用 Delft 3D 模型建立,河道长 5 km,宽 50 m,由于一维模型里的宽度不随水沙运动 而变化,因此认为其等同于整治工程约束下河宽受限不能调整的河道。上游采 用流量控制条件,径流量分别取 100 m³/s、200 m³/s、400 m³/s、600 m³/s、 800 m³/s、1 000 m³/s、10 000 m³/s、20 000 m³/s、30 000 m³/s、50 000 m³/s、 100 000 m³/s;下游为水位控制条件,选取 M_2 分潮,潮差为 1 m。泥沙采用非黏 性沙,假设河道上游至下游泥沙粒径一致,中值粒径 $D_{50} = 200~\mu m$,上下游边界 含沙量均设置为 0.5 kg/m³。初始地形设置为 −10 m,地貌模拟时间为 5 年,所 有模型达到平衡状态,即地形不再改变。

将不同径流下的数学模型模拟结果与新推导的整治工程约束下河床平衡深 度公式(2-20),以及未考虑工程约束的原有河床形态公式(2-7)的计算值进行 对比。采用窦国仁方法[13]选取参数:a 为流量变幅,在此取 1;b 为比例系数,由大 量实测资料得出,$b = 0.15$;α 为相对稳定系数,由于采用概化模型,在此取 1;β 为 涌潮系数,不考虑涌潮条件下取 1;v_{0s} 为止动流速,通过式(3-4)计算得 0.127 m/s;对于大多数平原河流和河口,参数 $k = 3 \sim 5$,在此取 5。

工程约束下河床形态的数学模型模拟结果及公式计算结果见表 2-1。数学 模型模拟结果显示,径流从 100 m³/s 增加至 100 000 m³/s,河床平均水深从 2.55 m 增加至 49.36 m;由新公式[式(3-19)]计算得到河床平均水深为 3.24 ~ 40.18 m;由原公式计算得到的水深较小,为 1.76 ~ 17.61 m。流量越大,原公式 与新公式的计算结果偏差越大。显然,新公式的计算结果较原公式与数学模型 模拟结果更接近。

表 2-1　工程约束下河床形态的公式计算与数学模型模拟结果对比

径流(m³/s)	河床平均水深(m)		
	原公式	新公式	一维数学模型
100	1.76	3.24	2.55
200	2.22	4.20	3.29
400	2.80	5.45	5.57
600	3.20	6.34	7.56
800	3.52	7.06	9.33
1 000	3.79	7.68	10.89

续表

径流(m^3/s)	河床平均水深(m)		
	原公式	新公式	一维数学模型
10 000	8.17	16.95	18.49
20 000	10.30	21.98	24.45
30 000	11.79	25.58	28.31
50 000	13.98	30.99	34.68
100 000	17.61	40.18	49.36

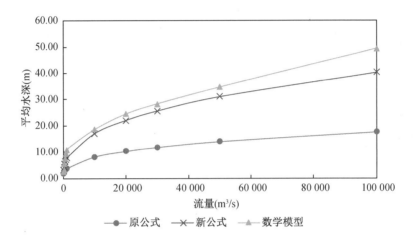

图 2-11 工程约束下河床形态的公式计算与数学模型模拟结果比较

2.4.3 河床断面形态系数的引入

在原有推导中,水深 H 是指断面平均水深,断面面积 $A=BH$,流量流速关系式为 $Q=vA=vBH$。但在实际河口中,断面形态通常分为 W 形、U 形、V 形,使用平均水深作为变量不能反映河床的形态。因此引入了河床形态系数 μ,使用最大水深 H_{max} 作为变量,$A=B\mu H_{max}$。代入上述计算过程中,可得:

$$v=\left(\frac{3\alpha bg^2v_{0s}^2S^2v_{0b}}{\beta\mu^2k^2}\right)^{\frac{1}{8}} \tag{2-21}$$

$$H_{max}=\left(\frac{\mu k}{gSv_{0s}}\right)^{\frac{1}{4}}\left(\frac{3bQ\alpha v_{0b}}{\beta}\right)^{\frac{3}{8}} \tag{2-22}$$

初步认为,对于 W 形断面,$\mu=0.4\sim0.6$;对于 V 形断面,$\mu=0.5\sim0.7$;对于 U 形断面,$\mu=0.7\sim0.8$;对于矩形断面,$\mu=1$。

此方法的局限性在于,没有考虑到断面形态的调整,在下一步的工作中将建立断面形态与流量、含沙量的关系式并代入公式中,进一步完善最小活动假说在断面形态上的描述。

2.4.4 工程实施后河床平衡时间推导

根据上述最小活动假说可认为,天然河道或河口河床形态在一定的来水来沙条件下经过长周期演变后符合最小活动性假说。实施整治工程(如疏浚工程)后,如破坏了原有平衡状态,河床需要花费一定时间恢复至新的平衡态。预测平衡时间对于工程的设计以及后期的维护均有重要意义。

考虑初始水深、宽度分别为 H_0、B_0,并已达到平衡状态,其对应的平均流量、平均含沙量分别为 Q_0、S_0。现有航道治理工程将宽度限定为 B_p,深度疏浚至 H_p。假设上游来水来沙量不变,则通过式(2-17)计算得到新的平衡水深为:

$$H^* = \left(\frac{k}{gSv_{0s}}\right)^{\frac{1}{4}} \left(\frac{3bQ\alpha v_{0b}}{\beta}\right)^{\frac{3}{8}} \qquad (2-23)$$

工程实施后的断面面积至平衡断面面积变化 ΔA:

$$\Delta A = B_p H^* - B_p H_p = B_p\left[\left(\frac{k}{gSv_{0s}}\right)^{\frac{1}{4}} \left(\frac{3bQ\alpha v_{0b}}{\beta}\right)^{\frac{3}{8}} - H_p\right] \quad (2-24)$$

$$L \cdot \Delta A = \frac{S_0 Q^* T^*}{\gamma_s} \qquad (2-25)$$

$$T^* = \frac{L \cdot \Delta A \cdot \gamma_s}{S_0 Q_0} = L\gamma_s B_p\left[\left(\frac{k}{gSv_{0s}}\right)^{\frac{1}{4}} \left(\frac{3bQ\alpha v_{0b}}{\beta}\right)^{\frac{3}{8}} - H_p\right]/(S_0 Q_0)$$

$$(2-26)$$

此式的不足之处在于,其主要考虑的是上游来沙在工程段的淤积时间,因此仅适用于工程建设后水深大于或小于平衡深度的单一变化趋势。在此,对流量为 1 000 m³/s 以内的方案进行验证。

表 2-2 所示为工程约束下河床平衡时间的公式计算与数学模型模拟结果,可以看出,通过公式计算所得的平衡时间与数学模型模拟得出的平衡时间相差较大,数学模型中的平衡时间大于公式计算结果。经分析,这是由于在公式中仅考虑了泥沙量的平衡,认为当上游来沙量等于工程建设后达到平衡态时所需的泥沙量时即为平衡。但在数学模型中,沙量满足条件后,河床仍需花费一段时间进行自我形态调整。

表 2-2　工程约束下河床平衡时间的公式计算与数学模型模拟结果对比

径流（m³/s）	河床平衡时间（a）	
	式（2-26）	数学模型
100	2.94	4.67
200	1.28	3.17
400	0.52	1.92
600	0.29	1.65
800	0.18	1.17
1 000	0.12	0.83

由于实测资料有限,故根据数学模型模拟结果对河床平衡时间进行修正,提出河床形态调整系数 m_a。将数学模型模拟结果与公式计算结果拟合,可得河床形态调整系数 $m_a = 0.072\ 6 \times Q^{0.668}$,工程建设后河床形态的稳定时间 $T = T^* m_a$。因此可得:

$$T^* = m_a \frac{L \cdot \Delta A \cdot \gamma_s}{S_0 Q_0} = Lm_a\gamma_s \cdot$$

$$B_p\left(\left[\frac{k}{gSv_{0s}}\right]^{\frac{1}{4}}\left(\frac{3bQ\alpha v_{0b}}{\beta}\right)^{\frac{3}{8}} - H_p\right)/(S_0 Q_0) \tag{2-27}$$

2.4.5　河床形态公式在长江口南北槽的应用

长江口南北槽一汊有整治工程,另一汊没有整治工程,可以分别采用原河床形态公式与在本书中提出的整治工程约束下河口形态公式进行分析。

首先对南槽进行分析,径流采用大通 2003—2016 年多年平均流量 27 300 m³/s,同时考虑南支分流比(约 95%)、南港分流比(约 50%)、南槽分流比(约 60%)进行初步计算,可得南槽多年平均流量为 7 780.5 m³/s。含沙量采用长江口多年平均含沙量 0.427 kg/m³。其他参数的选取与前文保持一致,由此可以计算得到南槽达到平衡后的平均水深为 7.97 m,考虑到南槽大部分河段属于 U 形断面,采用河床形态系数 $\mu=0.8$,由此可得南槽河床平均深度 $H = 7.97$ m,同时可以求得南槽稳定时间约为 53 年。

北槽受到深水航道的约束作用,河床宽度方向不能增加,适用于本书提出的整治工程约束下河口形态公式。北槽多年平均流量取 5 187.5 m³/s,为了方便分析,含沙量与南槽选取值一致,取 0.427 kg/m³。采用式(2-17)计算可得北槽断面平均水深为 13.54 m。北槽航道内由于双导堤的约束作用,断面由 U 形向 V 形发展,在此采用断面形态系数 $\mu=0.6$,由此可得北槽河床平均深度为13.2 m,同时可以求得平衡时间为 59 年。若不考虑整治工程作用,则采用式(2-10)计算,平均水深为 6.95 m。结合前一节的南北槽断面分析可知,对于双导堤约束下的北槽河段,本书提出的整治工程约束下河床形态公式更加适用。

2.5 本章小结

本章通过实测资料对长江口深水航道治理工程建设后的南北槽分流比、地貌演变进行了分析。通过对基于最小活动假说的河床形态公式进行改进,提出了适用于河口整治工程约束下的河床形态公式,并与数学模型进行对比,并在南北槽地区进行应用,主要结论如下。

(1) 南北槽分流分沙比统计结果显示,长江口深水航道治理工程对南北槽分流分沙比有显著影响。随着工程建设的开展,北槽落潮分流比由建设初期的 63%(1998 年)下降至 42%~44%。北槽分沙比由工程前的 50%左右下降至工程后的 30%~40%。影响南北槽分流分沙比变化的主要原因是由工程引起的边界条件的变化和河槽容积的变化。

(2) 根据南北槽及其附近研究区域 1998 年、2002 年、2011 年、2016 年的地形数据,分析了−5 m 等深线、−8 m 等深线以及地形冲淤变化情况。总体来看,北槽在深水航道治理工程实施后经历了快速调整阶段与自适应阶段,目前在保持稳定滩槽格局的同时,呈现主槽缓慢冲刷、容积扩大,坝田区缓慢淤积、容积减小的变化特征。北槽深水航道治理工程对南槽及南槽周边区域的冲淤演变有显著的影响,南槽在航道建成初期呈现上冲下淤的状态,目前整体处于微冲状态;南槽周边江亚南沙上冲下淤,形成一长条形的沙坝;江亚北槽先淤缩后发展,在江亚南沙和九段沙之间形成一冲刷槽,九段沙南缘及南汇东滩促淤圈围工程外侧河床冲刷明显,破坏了目前较为稳定的单一河道格局,不利于南槽航道的维护,在未来维护管理中应引起重视。

(3) 经过初步分析,近年来南北槽的冲淤变化主要受整治工程的影响。但长江口水沙边界条件复杂,地形复杂,在研究时间段内(1998—2016 年)同时受到不同工程的影响,影响因素难以剥离,因此研究单因素对地形冲淤演变的影响较为困难。这需通过概化分汊河口数学模型对工程建设后的水动力以及泥沙输运的变化进行分析。

(4) 基于最小活动假说的河床平衡态关系式可以用来计算一定水沙条件下的河床断面平衡深度、宽度等特征,并判别河床形态是否达到平衡态。但在工程约束作用下,河床宽度被限制,原有的宽深比不适合作为活动指标。因此通过改进原有关系式,提出了适用于工程约束下的河床形态公式。将数学模型模拟结果与其进行对比,结果表明,在受工程约束的河道或河口区,由新公式与数学模型得出的结果,其吻合度更高。后将公式应用到长江口南北槽,对河床平衡水深以及平衡时间进行了预测。

第三章

概化分汊河口水沙运动对工程的响应

第二章通过实测资料分析了长江口南北槽在北槽深水航道影响下的动力及地貌演变特征。但实际河口中的动力条件复杂,地貌演变影响因素众多,工程建设对水动力及泥沙输运的影响难以定量描述。本章通过概化数学模型分析了分汊河口一汊在实施航道治理工程后,水动力、泥沙输运以及地貌演变受到的影响。首先介绍了 Delft 3D 水-沙-地貌演变模型,根据指数收缩型河口特征,参考长江口南北槽对分汊河口进行了概化,并利用 Delft 3D 模型建立了概化分汊河口。随后利用概化分汊河口模型分别对无整治工程和一汊有整治工程的情况进行水动力、泥沙输运模拟,以分析整治工程对分汊河口水沙运动的影响。

3.1 概化分汊河口数学模型

3.1.1 概化分汊河口数学模型设计

现实河口中的动力条件复杂且受人类活动影响较大,各影响因素难以剥离,研究单一工程对河口的影响较为困难,因此可以根据研究需要,对实际问题及模型进行概化,通过给定合理的条件及参数对单一影响因素进行研究。Savenije[51] 的研究结果表明,自然形成的潮汐控制型河口的平面形态多呈喇叭状,自下游至上游河口宽度近似呈指数收缩: $B = B_0 e^{(-x/L_b)}$ 。式中: B 为河道沿程宽度; B_0 为河口口门宽度; x 为口门处距上游的距离; L_b 为指数收缩尺度。已有研究结果表明,长江口符合指数收缩型河口形态特征,因此根据指数收缩型河口的定义对南北槽进行概化,南北槽概化范围示意图见图 3-1。南北槽边界线自分流口上游约 10 km 处开始展宽,将此位置作为概化模型河道与河口的交界点,口门设置在九段沙外,可以得到口门宽度 $B_0 = 30$ km。上游河道为南支,在 5~6 km 范围内变化。

根据长江口南北槽特征以及指数收缩型河口定义对河口进行概化,概化模型区域包括外海、河口、河道(见图 3-2),河道长 1 000 km,宽 5 km,河口口门处

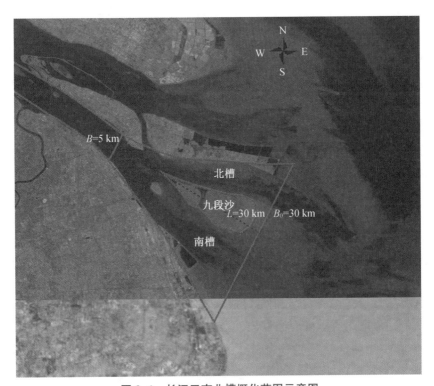

图 3-1　长江口南北槽概化范围示意图

（底图来源：由 2016 年卫星图与百度地图拼接而成）

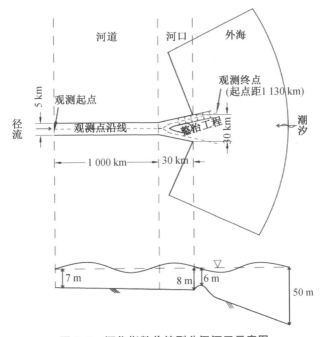

图 3-2　概化指数收缩型分汊河口示意图

展宽 30 km。地形根据长江口南北槽进行概化,上游底高程−7 m,口门处底高程−8 m,口门外存在拦门沙,底高程−6 m,外海最深处−50 m。为了简化河床形态以便于研究,概化分汊河口的两汊呈对称分布。

3.1.2 Delft 3D 数学模型

Delft 3D 模型为国际上先进的集水动力、泥沙输运、地貌演变、水质及生态等模块为一体的模型系统[67],由荷兰 Deltares 研究所负责开发维护。其中,水动力(Delft 3D-FLOW)模块是整个模型系统的基础,基本方程是静水压力近似差分联解浅水 Navier-Stokes 方程,采用有限差分 ADI 法(交替显隐格式)对方程进行离散求解,具有稳定性好、精度高等优点。

模型在水平方向使用矩形网格或正交曲线网格;垂向上可为水深平均的 2D 模式或垂向分层的 3D 模式,3D 模式垂向可分为 σ 坐标和 z 坐标。模型通常被应用于河口、海岸、河流和湖泊等水平尺度远大于垂向深度的水动力模拟。

模型中能够包含天文潮、河流径流、盐淡水混合、风浪、浪流耦合、泥沙输运、地貌更新等物理过程。许多已发表的研究结果表明,二维模型能够用于河口和近岸冲淤演变过程的模拟和机制分析,使用合理的模型参数和输入条件,Delft 3D 模型能够重现长江河口多时间尺度的水动力场、泥沙输运和地形冲淤。因此本书使用二维模式的 Delft 3D,主要涉及水动力、泥沙输运、地貌更新等主要模块。

Flow 模块作为 Delft 3D 模型系统的核心部分,是一个多尺度(二维或三维)水动力模拟计算程序包,可计算潮汐和大气驱动下的非恒定流和物质输移等现象,同时可以考虑由温度和盐度分布差异引起的密度流所产生的影响。Flow 模块主要用于模拟计算浅水、海岸、河口、泻湖、河流和湖泊中水平方向时空尺度明显大于垂向的水体流动。对于垂向充分混合的潮波传播、风暴潮、海啸、港湾共振和污染物输移等问题,可以采用深度平均的二维模式。

泥沙输运模块(Sediment transport)可以单独或同时考虑非黏性沙和黏性沙组分,前者既能以底沙又能以悬沙形式运动,后者则仅以悬沙形式输运。黏性沙和非黏性沙根据粒径大小来区分,临界粒径为 0.064 mm。在二维模拟中,悬沙输运计算是基于水深平均模式下的对流-扩散方程。非黏性沙(粒径大于 0.064 mm)的计算基于 Van Rijn(1993)[68,69]公式。黏性沙(粒径小于 0.064 mm)的侵蚀和淤积量计算采用 Partheniades-Krone[70]公式。已有大量资料对 Delft 3D 进行解释,在此不再赘述。

模型具有稳定性好、精度高等优点。Buschman 等[71]基于 Delft 3D 模型建立了概化河口模型,对河口水动力过程进行了机制研究,并指出在模型设置合理的情况下,可认为模型结果可靠,因此没有对模型进行验证。本研究与其思路类似,利用概化河口模型对工程前后的分流比、潮波形态等进行定性研究,对其结果要求趋势性合理。因此本书建立概化分汊河口数学模型,给定合理条件和参数设置,进一步开展相关模拟,从而得到工程实施前后的水动力变化趋势,模型和结果具有可靠性。

3.1.3　概化分汊河口数学模型的建立

模型采用正交曲线网格,网格数为 764×104,河口处网格尺寸最小,为 700 m,外海网格尺寸最大,为 10 km,见图 3-3。时间步长取 1 min。糙率取曼宁系数,曼宁系数的大小为 $0.01 + 0.01/h$,h 为水深。外海东开边界采用水位边界条件;外海南、北开边界采用 Neumaan 边界条件,为了使动力条件简单且稳定,参数取 0,代表本海域与其他海域无水体交换。本章重点研究工程对水动力的影响,因此计算中不考虑科氏力。上游采用流量边界条件。

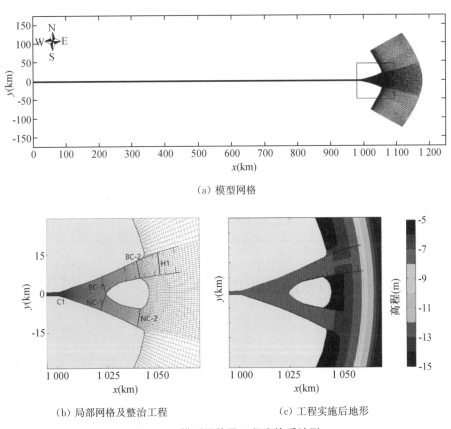

(a) 模型网格

(b) 局部网格及整治工程　　　(c) 工程实施后地形

图 3-3　模型网格及工程实施后地形

自上游至外海整治工程外,沿轴线共设置 57 个观测点(见图 3-2 河道内虚线),其中河道每 100 km 设置 1 个观测点,共 11 个观测点;自河口至外海每

5 km设置1个观测点,其中无分汊段设置6个观测点,分汊段两汊各设置20个观测点。以上游为起点,0～1 000 km为河道,1 000～1 030 km为河口不分汊段,1 030～1 130 km为河口分汊段,其中1 070～1 130 km为北汊工程段。另外,在两汊各设置一个观测断面,以观测流量情况。

整治工程参考长江口深水航道治理方案,北汊为工程汊,采用双导堤加丁坝的形式,导堤长60 km,丁坝采用与导堤垂直布置的形式。拦门沙位于整治工程中,丁坝中心航道进行疏浚以打通拦门沙,疏浚后航道底高程−8 m。导堤与丁坝的坝顶高程为2 m,在模型中采用水工建筑物Current Reflect Wall模块进行概化。

3.1.4 数值模拟试验方案

采用4组试验方案用以研究以下2个问题:(1)整治工程对水、沙动力的影响;(2)工程对地貌演变的影响。方案SE0-1与SE0P-1没有模拟地形冲淤变化,在地形不变的前提下分析工程实施前后的流场、分流比、沿程各点潮汐特征,以研究整治工程对水、沙动力的影响。方案SE0-2与方案SE0P-2的动力条件与方案SE0-1一致,模拟了20年地貌演变,以研究整治工程对地貌演变的影响。

表3-1 模型方案设置

方案	有无整治工程	径流(Q_r,$\times 10^4 \mathrm{m^3/s}$)	外海边界(分潮振幅a,m)	泥沙组份(D_{50},μm)	模拟时间(月)	地形是否变化
SE0-1	无	3	$a_{M_2}=1.36$	100	2	否
SE0P-1	有	3	$a_{M_2}=1.36$	100	2	否
SE0-2	无	3	$a_{M_2}=1.36$	100	240	是
SE0P-2	有	3	$a_{M_2}=1.36$	100	240	是

3.2 概化分汊河口水动力对工程的响应

3.2.1 流场的变化

工程实施前后的涨落急流场对比见图3-4,蓝色箭头代表工程实施前流速矢量,红色箭头代表工程实施后流速矢量。从分流口涨落急流场图[图3-4(a)、图3-4(b)]中可以看出,在涨急和落急时刻,工程实施前南、北汊流速大小一致,工程实施后南汊流速大于北汊流速。

落潮期间,通过落急时刻流场可以看出,工程实施后分流口处流速矢量向南汊偏转,更多流量进入南汊导致落潮期间南汊落急流速大于北汊落急流速。

　　涨潮期间,可结合口门处流场图[图 3-4(c)]进行分析。从涨急时刻口门附近流场图中可以看出,北汊受到丁坝作用的影响,丁坝前端局部流速较大,航道中线流速大,北汊无工程处流速则较小。导堤的作用使得当水位低于导堤高程时不存在南北方向的水体交换,南导堤的存在使南北汊间的涨潮流方向向南偏转,更多涨潮流流向南汊,导致涨急时刻南汊流速大于北汊流速。

　　对于工程段,涨落潮期间工程区域内主槽流速大于坝田区域流速,坝田区域出现流向改变、流速减小的现象。

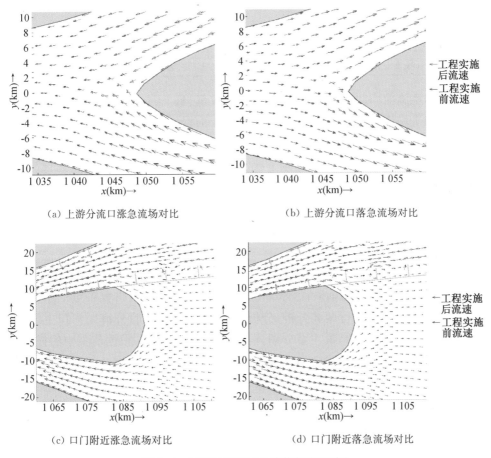

　　　(a) 上游分流口涨急流场对比　　　　　　　(b) 上游分流口落急流场对比

　　　(c) 口门附近涨急流场对比　　　　　　　　(d) 口门附近落急流场对比

图 3-4　工程实施前后的涨落急流场对比

3.2.2　工程实施前后分流比变化特征

　　在北汊和南汊进口分别设置观测断面 BC-1、NC-1(见图 3-3),由于外海分潮只采用了 M_2 分潮,因此根据计算结果统计了一个潮周期(12 h 25 min)内南北汊的涨落潮潮量和平均流量,结果见表 3-2。

表3-2 工程实施前后潮量级分流比变化表

工况	北汊(工程汊)			南汊(无工程汊)		
	潮量 (10^9m^3)	流量 ($10^4 \text{m}^3/\text{s}$)	分流比 (%)	潮量 (10^9m^3)	流量 ($10^4 \text{m}^3/\text{s}$)	分流比 (%)
工程实施前涨潮	−1.12	−6.23	52.03	−1.03	−5.74	47.97
工程实施后涨潮	−0.94	−6.29	44.55	−1.17	−6.99	55.45
工程实施前落潮	1.79	6.64	51.31	1.70	6.30	48.69
工程实施后落潮	1.28	4.28	37.16	2.17	7.70	62.84
工程实施前总量	0.67	0.15	50.15	0.67	0.15	49.85
工程实施后总量	0.34	0.08	25.46	1.00	0.22	74.54

　　工程实施前南北汊分流比几乎一致,各占50%。上游径流的作用使得落潮的潮量和平均流量均大于涨潮。工程实施后,工程汊(北汊)涨落潮量均有所减小,其中落潮分流比有明显减小,减小至35%左右。南汊涨落潮量在工程实施后有所增加,但增量小于北汊的减小量,主要原因是:在落潮时,丁坝的建设导致汊道内阻力增加,有效过水面积减小,不利于上游来水下泄,导致分流口处更多水体流向南汊,令南汊落潮流量大于北汊;涨潮时,双导堤的存在阻碍了南北方向水体交换,并且改变了入口处原有的喇叭口形态,导致北汊纳潮量减小。

3.2.3　潮波变形和不对称性特征对工程的响应

　　为了分析工程实施前后潮汐、潮流的沿程变化特征,对沿程各点的水位以及前进方向的流速进行调和分析,分析结果表明,在潮波自外海向河口上游行进的过程中,M_2 一直是最主要分潮,浅水分潮 M_4 为其次。根据前文中的描述,M_2 与 M_4 分潮叠加产生的潮波变形以及潮汐不对称特征是潮汐非线性作用的最直接反映,并直接影响泥沙、盐度输运。因此本书针对河口内工程实施前后的 M_2、M_4 分潮进行分析。

3.2.3.1　潮汐分潮沿程变化特征

　　工程实施前后的 M_2、M_4 潮汐分潮振幅沿程变化见图3-5。工程实施前,南北汊沿程 M_2 潮汐分潮振幅(a_{M_2})几乎一致并呈现自外海向上游沿程先增大后减小的趋势,从外海边界至拦门沙附近由边界的1.36 m增加到1.9 m,在通过拦门沙后向上游行进的过程中,由于水深变浅以及受到岸线约束等非线性作用,振幅有所下降,至无分汊段时振幅略有增加,在继续向上游行进的过程中振幅继续下降,至起点距200 km位置处振幅变为0。工程实施后,南北汊 a_{M_2} 整体相对于工程实施前均有所减小。工程实施后,北汊 a_{M_2} 在工程段内有明显衰减,由 1.9 m 下降至 1.3 m;南汊 a_{M_2} 在拦门沙附近略大于工程实施前,这是由于双导堤工程减小了北汊的纳潮量,南北汊中间浅滩部分的更多水体进入南汊,壅高了汊道外的水位,导致 M_2 潮汐分潮振幅增加。

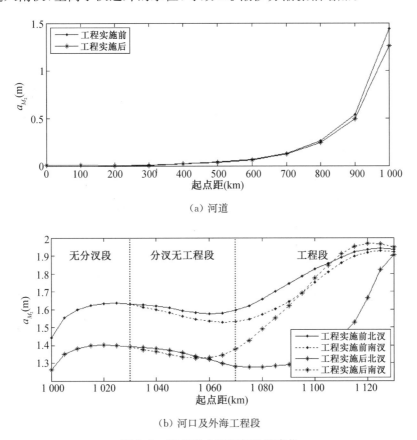

（a）河道

（b）河口及外海工程段

图 3-5　M_2 潮汐分潮振幅沿程变化

潮波进入河口后,在断面收缩、对流和摩擦阻力的共同作用下,产生 M_4 非线性浅水分潮,整体而言分潮振幅在河口内向上游方向沿程不断增强,在河道中向上游逐渐减小。工程实施前,南北汊 M_4 潮汐分潮振幅(a_{M_4})沿程变化情况一致,靠近外海观测点振幅为 0.05 m,至拦门沙附近增长到 0.18 m,在继续向上游行进的过程中由于水深变深从而略有下降,之后继续增加。

工程实施后的北汊 a_{M_4} 明显大于工程实施前,主要是由于整治工程,尤其是丁坝工程增加了沿程阻力。a_{M_4} 在拦门沙附近达到 0.4 m,随后在无工程段略有下降,在两汊相汇后继续上升至 0.4 m,随后进入河道,由于受到沿程阻力以及上游径流的作用,a_{M_4} 逐渐减小至 0。

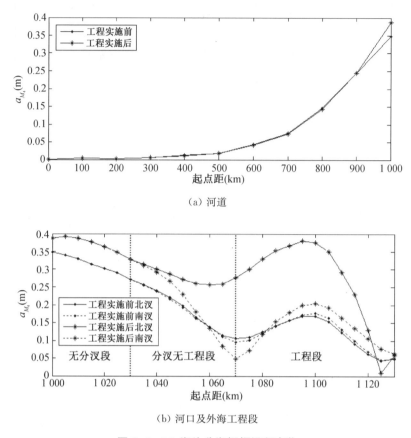

(a) 河道

(b) 河口及外海工程段

图 3-6 M_4 潮汐分潮振幅沿程变化

3.2.3.2 潮流分潮沿程变化特征

对潮流前进方向垂向平均流速进行调和分析,可得到各观测点潮流前进方向上的 M_2 及 M_4 潮流分潮振幅(v_{M_2}、v_{M_4}),如图 3-7、图 3-8 所示。工程实施前,在潮波由外海向河口传播的过程中,v_{M_2} 呈现先增加后减小的趋势,进入观测区域后,由 0.8 m/s 增大至 1.3 m/s,随后在向上游传播的过程中逐渐减小至 0.6 m/s 左右,至上游分汊口处,由于南北汊潮流相汇使得流速增加,v_{M_2} 上升至 1 m/s。进入河道后逐渐减小至 0。

工程实施后,南北汊 v_{M_2} 呈现出较大差异。潮波进入工程区域后,v_{M_2} 迅速增加至 1.3 m/s,在继续向上游行进的过程中,流速振幅逐渐减小,进入无工程区域时减小至约 1 m/s,随后在无工程段减小至 0.42 m/s。南汊 v_{M_2} 的沿程变化趋势与工程实施前几乎相同,在汊道内略大于工程实施前。经分析,由于 v_{M_2} 是最主要流速分潮,工程实施后北汊双导堤、丁坝以及疏浚工程消除了拦门沙的影响,增加了工程段的流速。但同时北汊纳潮量减小,因此上游无丁坝段 v_{M_2} 减小;南汊纳潮量增加而断面面积不变,因此汊道内 v_{M_2} 增大。

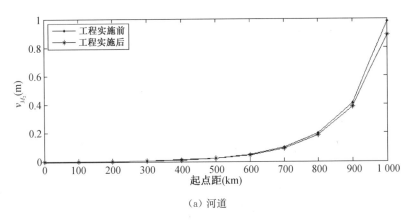

(a) 河道

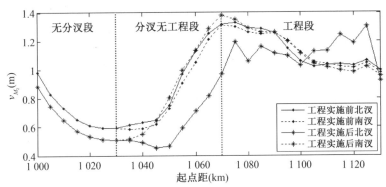

(b) 河口及外海工程段

图 3-7 M_2 潮流分潮振幅沿程变化

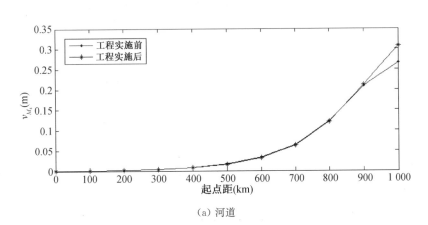

(a) 河道

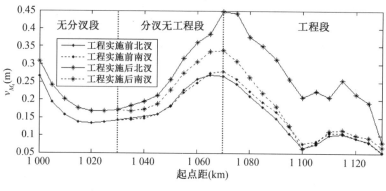

（b）河口及外海工程段

图 3-8 M_4 潮流分潮振幅沿程变化

工程实施前,南北汊 v_{M_4} 大小及变化趋势几乎一致。与 a_{M_2} 的沿程变化特征类似,浅水变形的作用使得 v_{M_4} 在随潮流自河口外向河口行进的过程中逐渐增大,自外海至汊道内从 0.023 m/s 增加到 0.25 m/s,随后逐渐下降至 0.15 m/s,在两汊相汇时略有上升,达到 0.27 m/s,进入河道后逐渐减小至 0。工程实施后,丁坝增加了沿程阻力,使得工程区域内浅水变形明显,v_{M_4} 在工程区域内远大于工程实施前,最大达 0.45 m/s。非工程汊内特征与 v_{M_2} 类似,略大于工程实施前。

3.2.3.3 工程实施前后潮波变形和不对称性特征

在潮波向河口内传播的过程中,由于地形变浅,因此潮汐振幅对潮波传播速度的影响已不能忽略,处于高潮位的波面的传播速度大于处于低潮位的波面,导致潮波的变形。同时,在岸线约束等的作用下,分潮之间发生非线性相互作用,生成浅水分潮,如 M_2 分潮的倍潮 M_4 分潮。潮波的变形以及潮汐的不对称性是潮汐非线性作用的最直接反映。

根据 Friedrichs 和 Aubrey[57] 的定义,M_4 分潮与 M_2 分潮的振幅比 a_r 和相对相位参数 θ_r 或 φ_r 可以作为潮波变形以及不对称性的表征参数。

$$a_r = a_{M_4} / a_{M_2} \tag{3-1}$$

$$\theta_r = 2\theta_{M_4} - \theta_{M_2} \tag{3-2}$$

$$\varphi_r = 2\varphi_{M_4} - \varphi_{M_2} \tag{3-3}$$

式中:a_{M_2} 和 a_{M_4} 分别表示 M_2 和 M_4 潮汐分潮振幅;θ_{M_2} 和 θ_{M_4} 分别表示 M_2 和 M_4 潮汐分潮相位迟角;v、φ 分别表示相应的流速分潮振幅及其相位迟角。

$a_r > 0.01$ 表明潮波发生较为明显的变形,a_r 越大,潮波变形越显著;θ_r 与 φ_r 反映潮汐不对称性,当 $0 < \theta_r < 180°$ 或 $-90° < \varphi_r < 90°$ 时,表示观测点处为涨

潮占优,反之为落潮占优。

流速的变形以及不对称性对于泥沙、盐度输运影响较大,因此在实际工程中应重点研究,在此仅针对河口段潮流流速讨论。工程实施前后潮流分潮振幅比和 M_2、M_4 潮流分潮的相对相位差见图 3-9。工程对潮流流速变形影响不大,工程实施前后都是自外海向上游潮流变形加剧。工程实施后北汊内潮流的变形更加明显,主要是因为整治工程增加了沿程阻力,导致 M_4 分潮流速相对增加。

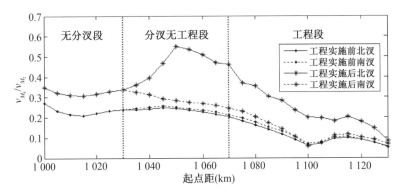

（a）潮流流速变形程度

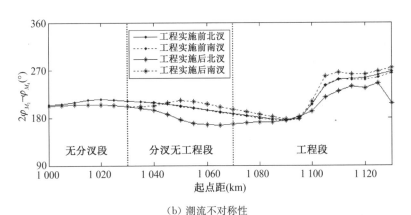

（b）潮流不对称性

图 3-9　M_2、M_4 分潮流速变形及不对称性沿程变化

从 M_2、M_4 潮流分潮的相对相位差变化图中可以看出,工程实施前后潮流分潮相对相位差沿程变化特点一致,$2\varphi_{M_2} - \varphi_{M_4}$ 均在 $90°\sim270°$ 之间,为典型的涨潮优势流,而且越接近 $270°$,说明潮流不对称性越明显。工程实施前,拦门沙附近的潮流不对称性最为明显,进入河口后减弱,在河口中不对称性并没有明显变化。工程实施后,在疏浚工程的作用下,航道打通了拦门沙,因此潮流的不对称性在北汊工程区域内减弱。

3.2.4 坝田区流速流向特征

为了研究丁坝对水动力的影响,对丁坝周围流场进行分析,涨急落急流场见图3-10。从图中可以看出,在丁坝的影响下,局部涨落潮流向发生明显变化。总体而言,丁坝导致局部水流流向改变,坝田区内流速减小,流向与航道呈明显夹角。但在涨急时刻,由于水位较高,靠近外海区域的丁坝坝顶过水,所以流速、流向的变化小于其他时刻。

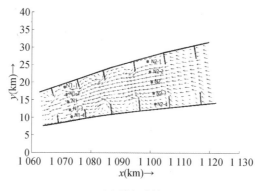

(a) 涨急时刻

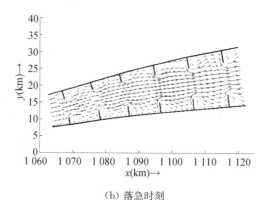

(b) 落急时刻

图3-10 工程实施后航道内流场图

在垂直于航道方向的坝田区加入10个观测点,如图3-10(a)所示。工程实施后,观测点流速、流向随时间变化曲线如图3-11所示,流向在90°附近代表落潮,反之代表涨潮。工程实施后,坝田区与航槽内水位随时间变化曲线几乎一致,而流速的差别较大。两组观测位置的共同特点为坝田内流速明显小于航槽内流速,航槽内最大流速约为坝田内最大流速的2倍。坝田内水流流向在一个涨潮或落潮周期内变化明显,表明流向不稳定,流向最大时垂直于航道。N1点附近坝田内观测点落潮时长大于涨潮时长,使得落潮挟带的上游泥沙更容易沉积在坝田内。

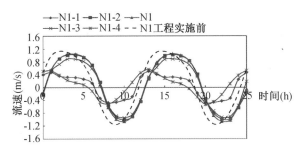

（a）11-N 系列观测点流速

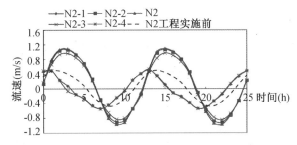

（b）17-N 系列观测点流速

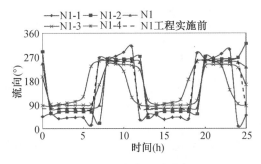

（c）11-N 系列观测点流向

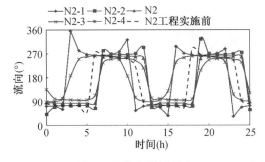

（d）17-N 系列观测点流向

图 3-11　工程实施后坝田内观测点流速、流向随时间变化曲线图

3.3 概化分汊河口泥沙输运对工程的响应

3.3.1 工程实施前后含沙量变化

工程实施前后河口涨落潮平均含沙量分布如图 3-12 所示。工程实施前,南北汊汊道内含沙量几乎一致,涨潮含沙量整体较小,落潮含沙量整体大于涨潮。汊道内含沙量横向分布较为均匀。工程实施后,丁坝的作用使得工程段中的含沙量横向分布不均匀,坝头附近含沙量较大,航槽内含沙量整体大于坝田区,这主要由于丁坝束窄了汊道,航槽内流速大于坝田区,导致其含沙量增加。涨潮最大平均含沙量发生在靠近上游的丁坝坝头处,落潮最大平均含沙量发生在靠近外海的丁坝坝头处。与工程实施前相比,工程实施后涨落潮的最大平均含沙量均有明显增加,非工程汊含沙量较工程实施前也有所增加。

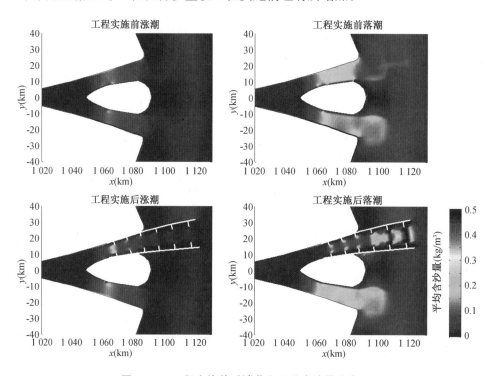

图 3-12　工程实施前后涨落潮平均含沙量分布图

工程实施前后平均含沙量沿程变化见图 3-13。整体而言,工程实施前后落潮平均含沙量均明显大于涨潮平均含沙量,这是由于上游径流的作用导致落潮流速大于涨潮流速,流速的增加导致切应力增加,更多泥沙随水流起动,因此落潮平均含沙量大于涨潮平均含沙量。

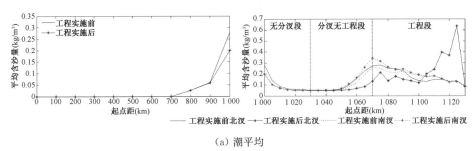

（a）潮平均

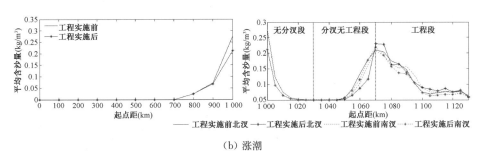

（b）涨潮

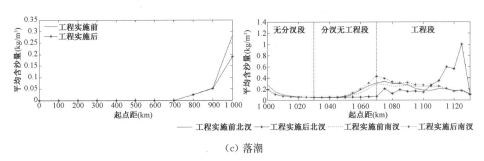

（c）落潮

图 3-13 工程实施前后涨落潮平均含沙量沿程变化图

工程实施前,潮平均含沙量、落潮平均含沙量、涨潮平均含沙量沿程变化趋势一致,从外海至河口沿程增加,最大值出现在起点距 1 070 km 处,随后降低至接近于 0。自河口向上游,在河口与河道交界处的含沙量最大,主要源于上游河道内泥沙随水流下泄至此,随后继续向上游含沙量减小,至起点距 700 km 处降至为 0。

潮平均含沙量:在北汊工程段下段(起点距 1 100~1 125 km),工程实施后的含沙量大于工程实施前,最大含沙量出现在 1 125 km 处,即工程段最靠近外海的测点,达到 0.6 kg/m³。但在无工程段与工程段上段,含沙量约为工程实施前的 1/2。

涨潮平均含沙量:在河口段,工程实施前后的最大值均出现在起点距 1 070 km 处,北汊工程实施后的最大值为 0.23 kg/m³,大于工程实施前的 0.20 kg/m³。

工程实施后,南汉涨潮平均含沙量略小于工程实施前,约减少 0.02 kg/m³。

落潮平均含沙量的沿程变化趋势与潮平均含沙量一致,双导堤及丁坝的作用导致北汉落潮平均含沙量在起点距 1 100 km 至外海处较工程实施前明显增加,最大含沙量出现在 1 125 km 处,达到 1.02 kg/m³。在工程段上段(起点距 1 070~1 100 km),北汉落潮平均含沙量明显小于工程实施前。工程实施后,在北汉无工程段落潮平均含沙量降至不到 0.05 kg/m³,随后降至 0。

3.3.2 工程实施前后分沙比变化

同样,通过观测断面 BC-1、NC-1 统计出一个潮周期内南北汉工程实施前后的总输沙量和平均输沙率,通过总输沙量计算南北汉分沙比,见表 3-3。工程实施前,南北汉涨落潮分沙比均在 50% 左右,南北汉输沙量几乎一致。工程实施后,北汉整治工程的作用导致北汉涨落潮输沙量较工程实施前均有明显下降,其中,涨潮总输沙量由工程实施前的 16.2×10⁴ m³ 下降至 5.7×10⁴ m³,落潮总输沙量由工程实施前的 20.5×10⁴ m³ 下降至 8.1×10⁴ m³。工程实施后,南汉涨潮输沙量与工程实施前相比变化不大,由 16.2×10⁴ m³ 上升到 17.4×10⁴ m³,落潮输沙量有明显增加,由 20.7×10⁴ m³ 增加到 24.3×10⁴ m³。因此,北汉涨潮分沙比由工程前 50.1% 下降至 24.7%,落潮分沙比由 49.7% 下降至 24.9%。

表 3-3　工程实施前后分沙比变化表

工况	北汉(工程汉)			南汉(无工程汉)		
	总输沙量 (×10⁴ m³)	平均输沙率 (m³/s)	分沙比 (%)	总输沙量 (×10⁴ m³)	平均输沙率 (m³/s)	分沙比 (%)
工程实施前涨潮	−16.2	−9.0	50.1	−16.2	−9.0	49.9
工程实施后涨潮	−5.7	−3.2	24.7	−17.4	−9.6	75.3
工程实施前落潮	20.5	7.6	49.7	20.7	7.7	50.3
工程实施后落潮	8.1	3.0	24.9	24.3	9.0	75.1

3.4　本章小结

本章建立了概化分汊河口数学模型,对一汉航道治理工程实施前后的水动力、泥沙输运进行模拟。结果显示,工程改变了概化分汊河口局部流场,增加了工程汉沿程阻力,减小了工程汉纳潮量,导致工程汉分流比减小,非工程汉分流比增加。其中,工程汉涨潮分流比从 52% 降低至 45%,落潮分流比从 51% 降低到 37%。工程实施后，南北汊 M_2 潮汐分潮振幅（a_{M_2}）相对于工程实施前整体有所减小，工程实施后的北汉 a_{M_2} 在工程段内有明显衰减，由 1.9 m 下降至 1.3 m，南汉 a_{M_2} 在拦门沙附近略大于工程实施前。工程实施后，北汉 M_4 潮汐分潮振幅（a_{M_4}）明显大于工程实施前，在拦门沙附近达到 0.4 m，随后在无工程段略有下降，在两汊相汇后继续上升至 0.4 m，进入内河后逐渐减小至 0。

工程实施后，北汉 M_2 潮流分潮振幅（v_{M_2}）呈现出较大变化，潮波进入北汉工程区域后，v_{M_2} 迅速增加至 1.3 m/s，向上游逐渐减小，至无工程区域时减小至约 1 m/s，随后在无工程段减小至 0.42 m/s。南汉 v_{M_2} 的沿程变化趋势与工程实施前几乎相同。同时，v_{M_4} 在工程区域内远大于工程实施前，最大达到 0.45 m/s。通过 v_{m4}/v_{M_2} 和 $2\varphi_{M_2}-\varphi_{M_4}$ 判断潮流流速变形程度和不对称性，工程实施后北汉内潮流的变形更加明显，潮流的不对称性在北汉工程区域内减小。

工程实施后，坝田区流速、流向的特征显示丁坝导致局部水流流向改变，坝田区内流速减小，流向与航道呈明显夹角。同时，由于落潮时长大于涨潮，上游下泄泥沙易沉积形成坝田淤积。

整治工程对工程段内涨落潮平均含沙量有较大影响，工程段上游段涨潮含沙量增加，落潮含沙量减小，工程段下游段落潮含沙量明显增加，涨潮含沙量无明显变化。工程实施前，北汉（工程汊道）进口断面涨落潮分沙比在 50% 左右，工程实施后，涨潮分沙比下降至 24.7%，落潮分沙比下降至 24.9%。

第四章

概化分汊河口地貌演变主控动力因子分析

上一章综合分析了整治工程对分汊河口水动力与泥沙输运的影响,但河口受到径潮流的共同作用,因此不同动力因子对分汊河口地貌演变的影响以及对整治工程的响应仍不明确。本章采用概化分汊河口数学模型研究在不同径潮流动力下分汊河口 20 年地貌演变对整治工程的响应,分别分析无工程约束下与工程约束下不同径潮流动力(径流、潮差、分潮组合以及径潮流组合)对分汊河口地貌演变的影响,以确定河口冲淤演变的主要动力因素。通过明确各动力对工程影响下河口地貌演变的贡献,为长江口南北槽地貌演变模型的动力条件概化提供了指导与依据。

4.1 数学模型试验方案设置

本章仍采用在第二章中介绍的概化分汊河口数学模型,基本参数保持一致。泥沙采用均匀沙,中值粒径 $D_{50} = 100 \ \mu m$,模型地貌演变模拟 20 年。本模型的概化参考了长江口南北槽的地形以及岸线形态,因此在本章中不同动力条件仍参考长江口实际水动力条件。上游径流参考大通流量条件,三峡工程建成后大通流量大于 10 000 m^3/s,因此设置 10 000 m^3/s 为最小流量方案。2016 年洪水期,大通最大流量超过 70 000 m^3/s,为了研究极大流量条件下径流对河口冲淤演变的影响,故在本组次中设置流量 100 000 m^3/s 的方案。根据绿华山站调和分析结果可知,长江口外海潮汐以 M_2 分潮为主,其振幅为 1.36 m。4 个主要分潮为 M_2、S_2、K_1、O_1。在方案设置中为了研究不同潮差对分汊河口工程实施前后地貌演变的影响,仅选取不同振幅的 M_2 分潮以简化动力条件,利于分析。研究不同分潮组合时,由于 K_1、O_1 分潮的振幅较小,因此分别设置了 M_2 分潮,M_2 与 S_2 分潮,M_2、S_2、K_1 与 O_1 分潮组合。为了研究径流与潮流共同作用下径流大小对河口工程实施前后地貌演变的影响,外海采用 4 个分潮组合,上游流量在 0~100 000 m^3/s 范围内变化。

本章分别在无工程和有工程的基础上研究:(1)外海没有潮汐,上游径流

（Q_r）分别为 10 000 m³/s、20 000 m³/s、30 000 m³/s、50 000 m³/s、100 000 m³/s，记为组次 SE1；（2）上游没有径流，外海只有 M_2 分潮，分潮振幅分别为 0.68 m、1.36 m、2.72 m，记为组次 SE2；（3）上游没有径流，外海为不同分潮组合，分别为 M_2、M_2+S_2、$M_2+S_2+K_1+O_1$，记为组次 SE3；（4）外海分潮为 $M_2+S_2+K_1+O_1$ 分潮组合，上游径流方案设置与组次 SE1 一致，分别为 0、10 000 m³/s、20 000 m³/s、30 000 m³/s、50 000 m³/s、100 000 m³/s，记为组次 SE4。

4.2　径流对地貌演变的影响

4.2.1　无工程约束下径流对地貌演变的影响

根据外海没有潮汐、上游不同径流的模型组次 SE1 研究无外海潮汐条件下，不同径流对分汊河口长期地貌演变的贡献。在组次 SE1 中，不同方案下的上游径流量（Q_r）分别为 10 000 m³/s、20 000 m³/s、30 000 m³/s、50 000 m³/s、100 000 m³/s，分别记作方案 SE1-1、SE1-2、SE1-3、SE1-4、SE1-5。

不同径流条件下河口 20 年冲淤演变见图 4-1，红色代表淤积，蓝色代表冲刷。从图中可以看出，在径流的作用下，河口以淤积为主。方案 SE1-1 中（Q_r = 10 000 m³/s），河口段在 20 年内几乎没有地形冲淤变化，主要源于流速小，上游粒径 D_{50} = 200 μm 的泥沙难以起动并随水流下泄至河口段。方案 SE1-2 中（Q_r = 20 000 m³/s），河口段有淤积，主要出现在河道与河口交界处，主要源于上游泥沙随水流下泄至河口段，流速减慢导致泥沙淤积。方案 SE1-3 中（Q_r = 30 000 m³/s），地貌演变主要范围仍然出现在河道与河口交界处，但范围较 SE1-2 方案大，地貌演变仍然以淤积为主，最大淤积厚度达 5 m，同时可以看到在河口段有两条明显的冲刷沟。当径流继续增大，在方案 SE1-4 中（Q_r = 50 000 m³/s），地貌演变主要范围明显扩大，淤积强度明显增强，冲刷沟的形态较方案 SE1-3 并没有明显变化，冲刷沟深度有所增加。与此同时，河床形态更加复杂，滩地深槽相互交叉，但明显有两条深槽分别延伸至河口两汊。方案 SE1-5 中（Q_r = 100 000 m³/s），地貌演变主要范围扩大至整个河口，相较于方案 SE1-4，冲刷沟深度、宽度均有所增加，且更加平直。

不同径流条件下河口 20 年冲淤量随时间变化曲线见图 4-2，其中红色点线代表淤积量，蓝色虚线代表冲刷量，黑色实线代表总冲淤量。总体而言，在只有径流条件的模型中，经过 20 年地貌演变数值模拟，河道冲刷，河口淤积，外海无变化。径流量越大，冲淤变化量越大。

方案 SE1-1 中，河道以冲刷为主，有轻微的淤积存在，20 年净冲刷量达到 10 万 m³。河口中只存在淤积，淤积量等于河道冲刷量。前 5 年，河道与河口的冲淤量较小,在图中难以反映,经过20年冲淤变化,河道与河口地貌均未达到平衡状态,冲刷、淤积量持续增加。方案 SE1-2 中冲淤量随时间变化的过程与方案SE1-1 类似,河道以冲刷为主,河口中只存在淤积,20年净冲刷量、淤积量均接近2亿 m^3。前3年,在图中无法看出明显的冲淤变化。同样,20年内冲刷量、淤积量持续增加,河道与河口地貌均未达到平衡状态。方案 SE1-3 中河口出现了冲刷,但与淤积量相比,冲刷量很小,河口整体以淤积为主,20年净淤积量接近8亿 m^3,远大于方案 SE1-2。当径流量继续增大,方案 SE1-4 中冲淤量随时间变化的曲线逐渐平缓,这意味着经过20年的演变,河道与河口地貌即将达到平衡状态。方案 SE1-5 中河道与河口的冲淤量随时间变化的趋势与方案 SE1-4 类似,随时间推移,变化率减小。

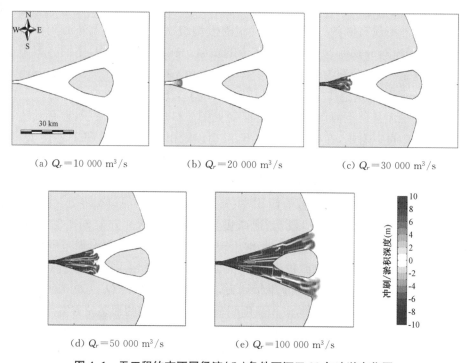

(a) $Q_r = 10\,000\ m^3/s$ (b) $Q_r = 20\,000\ m^3/s$ (c) $Q_r = 30\,000\ m^3/s$

(d) $Q_r = 50\,000\ m^3/s$ (e) $Q_r = 100\,000\ m^3/s$

图 4-1 无工程约束不同径流(Q_r)条件下河口20年冲淤变化图

不同径流条件下冲淤总量对比见图 4-2(f),5年、10年、20年冲淤量统计见表 4-1。当径流量从10 000 m^3/s 增加至20 000 m^3/s,河道及河口冲淤总量明显增加,尤其是前5年,20 000 m^3/s 径流方案的冲淤总量是10 000 m^3/s 方案的一万倍以上。在10 000 m^3/s 径流方案中,流速较小,河道内底床泥沙没有大量起动,导致河道冲刷量远小于20 000 m^3/s 径流方案。当径流量从20 000 m^3/s 增加到100 000 m^3/s,河道冲刷量相应增加,并呈现良好的线性关系。

表 4-1　无工程约束不同径流条件下冲淤总量统计

方案	径流量 (×10⁴m³)	河道冲淤总量（m³）			河口冲淤总量（m³）		
		5 年	10 年	20 年	5 年	10 年	20 年
SE1-1	1	-8.1×10^2	-3.2×10^4	-1.1×10^5	1.4×10^3	3.2×10^4	1.1×10^5
SE1-2	2	-2.4×10^7	-8.0×10^7	-1.8×10^8	2.0×10^7	7.7×10^7	1.8×10^8
SE1-3	3	-1.7×10^8	-4.7×10^8	-8.5×10^8	1.6×10^8	4.6×10^8	8.8×10^8
SE1-4	5	-1.0×10^9	-1.9×10^9	-2.6×10^9	9.8×10^8	2.0×10^9	2.9×10^9
SE1-5	10	-4.5×10^9	-6.4×10^9	-7.6×10^9	4.8×10^9	7.4×10^9	1.0×10^{10}

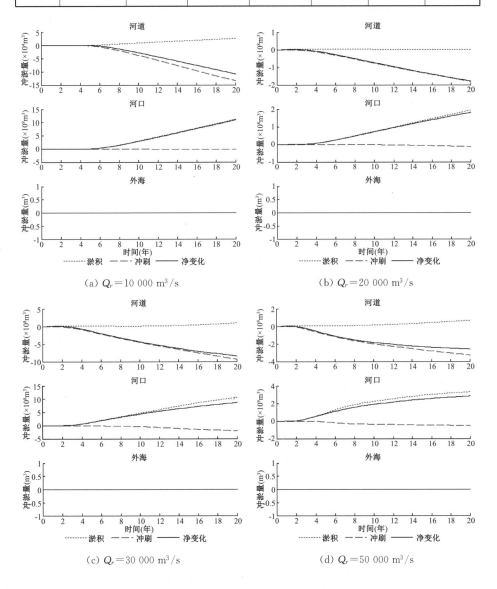

(a) $Q_r=10\,000\ \mathrm{m^3/s}$　　　　　(b) $Q_r=20\,000\ \mathrm{m^3/s}$

(c) $Q_r=30\,000\ \mathrm{m^3/s}$　　　　　(d) $Q_r=50\,000\ \mathrm{m^3/s}$

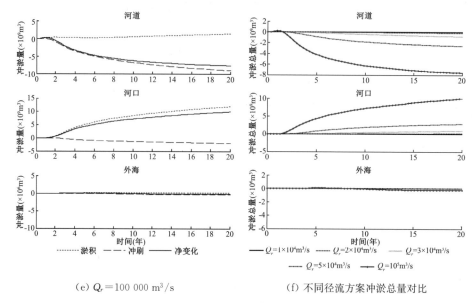

(e) $Q_r = 100\ 000\ \mathrm{m}^3/\mathrm{s}$　　　　　　　（f）不同径流方案冲淤总量对比

图 4-2　无工程约束不同径流(Q_r)条件下冲淤量随时间变化曲线图

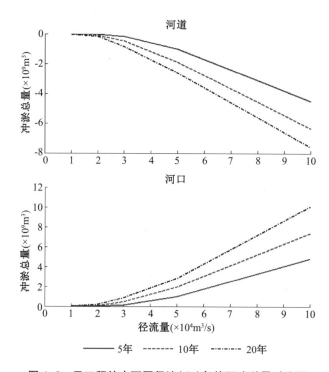

图 4-3　无工程约束不同径流(Q_r)条件下冲淤量对比图

将河口区 20 年淤积量与上游径流量建立相关关系式：$V_e = -10^7 Q^3 + 2 \times 10^8 Q^2 - 4 \times 10^8 Q + 10^8$，其相关系数 $R^2 = 0.999\ 9$。在上游径流的作用下，河口 20 年淤积总量与径流量呈 3 次方的关系。但值得注意的是，当径流量为 10 000 m^3/s 时，V_e 为负值，说明在特枯年份并不符合此关系式。

4.2.2　工程约束下径流对工程段地貌演变的影响

为了研究工程约束下整治工程段冲淤对不同径流的响应，对水沙动力设置同组次 SE1，在此加入了双导堤及丁坝，对双导堤间的拦门沙段进行疏浚，具体见第二章。同样，上游径流量（Q_r）分别设置为 10 000 m^3/s、20 000 m^3/s、30 000 m^3/s、50 000 m^3/s、100 000 m^3/s，分别记为方案 SE1P-1、SE1P-2、SE1P-3、SE1P-4、SE1P-5。

有工程约束不同径流条件下的地貌冲淤变化如图 4-4 所示。当径流量在 10 000～50 000 m^3/s 之间时，上游下泄的泥沙仅淤积在不分汊段，对工程段几乎没有影响。当上游径流量为 100 000 m^3/s 时，工程段内出现淤积。上游流量为 100 000 m^3/s 时工程段内冲淤量随时间的变化见图 4-5。工程段内淤积量从约第 6 年开始，随后逐年增加，20 年净淤积量达到 1.5 亿方。

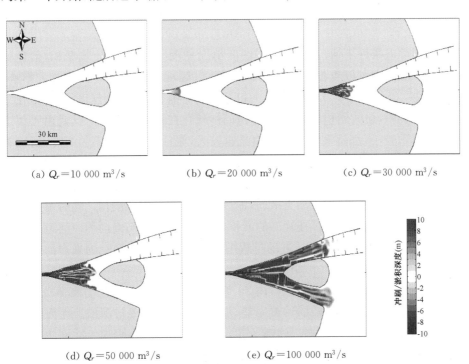

(a) $Q_r = 10\ 000\ \mathrm{m}^3/\mathrm{s}$　　(b) $Q_r = 20\ 000\ \mathrm{m}^3/\mathrm{s}$　　(c) $Q_r = 30\ 000\ \mathrm{m}^3/\mathrm{s}$

(d) $Q_r = 50\ 000\ \mathrm{m}^3/\mathrm{s}$　　(e) $Q_r = 100\ 000\ \mathrm{m}^3/\mathrm{s}$

图 4-4　有工程约束不同径流（Q_r）条件下河口 20 年冲淤变化图

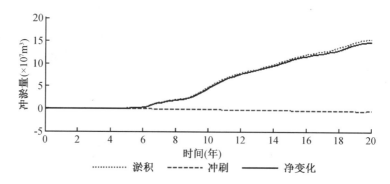

图 4-5　整治工程段内冲淤量变化图(Q_r＝100 000 m³/s)

4.3　M_2分潮振幅对地貌演变的影响

4.3.1　无工程约束下 M_2 分潮振幅对地貌演变的影响

为了研究不同潮差对地貌演变的影响,模型组次 SE2 上游边界无径流,外海采用 M_2 分潮潮位边界条件,不同方案中的潮位振幅分别为(SE3-1)a_{M_2}＝0.68 m、(SE3-2)a_{M_2}＝1.36 m、(SE3-3)a_{M_2}＝2.72 m。

不同潮差条件下河口 20 年冲淤演变情况见图 4-6,红色代表淤积,蓝色代表冲刷。从图中可以看出,潮差的大小对河口区域的冲淤演变具有重大影响。当外海 M_2 分潮振幅为 0.68 m 时,河口内两汊略有冲刷,冲刷深度约 2 m,在分汊口略有淤积,最大淤积厚度约 3 m,拦门沙外存在条带状淤积。这是由于汊道中断面面积较小,涨落潮流在汊道内流速较大,泥沙容易起动不易沉降,所以有冲刷。在涨潮流由汊道向上游行进的过程中,至非分汊段断面面积增加,局部流速减慢,涨潮带进的外海以及汊道中起动的泥沙在此落淤;落潮流携带汊道中的泥沙至外海,至拦门沙外水动力减弱,泥沙落淤形成条带状淤积。同时可以观察到,在河道与河口交界处存在轻微的淤积,这是由于河口断面面积较河道有所增大,在落潮流自河道向河口行进的过程中,流速在此降低,携带的来自河道中的泥沙在此淤积。

当外海 a_{M_2}＝1.36 m 时,河口内 20 年地貌冲淤强度远大于方案 SE2-1。总体而言,在河口区呈现复杂的冲淤态势,淤积、冲刷出浅滩与深槽。在河口不分汊段,以淤积为主,淤积形态以浅滩为主,浅滩之间出现冲刷沟。冲刷沟呈现蜿蜒的形态,从上游一直延伸至外海,为主要涨落潮流通道,越靠近外海越宽浅,越靠近上游滩槽形态越复杂。由于上游无径流,滩槽形态与 Van Veen[25] 给出的潮汐汊道的形态类似,所以可以分为涨潮槽和落潮槽。科氏力的作用令南北汊滩槽形态不完全对称,其中一条冲刷沟从中轴线的位置向南汊发展。外海仍然存在条带状淤积,但与方案 SE2-1 不同的是,位置更加靠近外海,条带状淤积体更长,这主要是由于潮差增加导致落潮流流速变大,更多泥沙被携带至更远的外海区域落淤,且条带状淤积体方向与涨落潮流几乎一致。

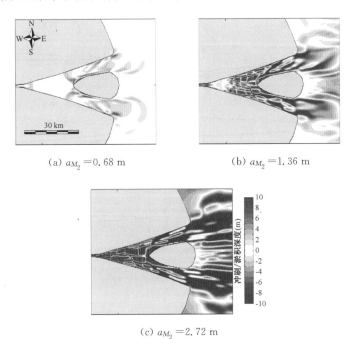

(a) $a_{M_2}=0.68$ m (b) $a_{M_2}=1.36$ m

(c) $a_{M_2}=2.72$ m

图 4-6　无工程约束不同 M_2 分潮振幅(a_{M_2})条件下河口 20 年冲淤变化图

当外海 $a_{M_2}=2.72$ m 时,河口内 20 年地形冲淤幅度更大,显现出一些新的特征。首先,淤积形成的浅滩滩面更高,浅滩面积更大,明显向涨落潮流方向发育,尤其是汊道内的浅滩与岸线平行。其次,汊道内冲刷强度明显增加,深槽更加顺直。外海冲淤变化明显,以冲刷为主,在南北海岸出现淤积。

不同潮差条件下的河口 20 年冲淤量随时间的变化曲线见图 4-7。总体而言,在只有外海潮汐动力的模型中,经过 20 年地貌演变数值模拟,河口冲刷与淤积共存,冲刷量大于淤积量,外海以淤积为主。

对于河道而言,方案 SE2-1($a_{M_2}=0.68$ m)以冲刷为主,淤积量很小,净冲刷量约为 5 000 万 m³。当分潮振幅增加到 1.36 m(方案 SE2-2),河道冲刷、淤积量几乎相等,且冲刷、淤积量随时间的变化呈现增加的趋势,20 年模拟并没有达到平衡状态。当分潮振幅增加到 2.72 m(方案 SE2-3),河道变化趋势与潮差为 1.36 m 时的方案一致,河道冲刷量、淤积量几乎一致。

对于河口而言,3 种方案中的河口内总体冲刷量均大于淤积量,方案 SE2-1 中的河口内冲淤净变化量为 -10 亿 m³,冲淤量随时间呈线性变化,20 年演变没有达到平衡状态的趋势;方案 SE2-2 中的河口内冲淤净变化量为-40亿 m^3,冲淤演变速度随时间变化逐渐减小,尚未达到平衡状态;方案 SE2-3 中的河口内冲淤净变化量为-60亿 m^3,10 年内冲淤变化量随时间推移逐渐减小,10 年后冲刷量、淤积量以及冲淤总量的变化很小,可以认为达到了准平衡状态。

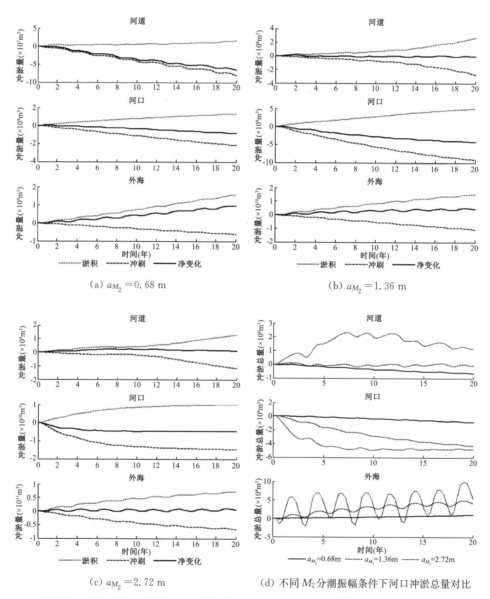

(a) $a_{M_2} = 0.68$ m

(b) $a_{M_2} = 1.36$ m

(c) $a_{M_2} = 2.72$ m

(d) 不同 M_2 分潮振幅条件下河口冲淤总量对比

图 4-7　无工程约束不同 M_2 分潮振幅(a_{M_2})条件下河口冲淤量随时间变化曲线图

对于外海而言,方案 SE2-1、SE2-2 中的外海处于淤积状态,且 20 年内随时间变化一直增加,这主要是因为上游河道以及河口中被冲刷的泥沙随落潮流至外海后落淤;方案 SE2-3 中的外海的冲刷量、淤积量均随时间增加而变大,但冲淤总量在 0 附近动态变化。

　　无工程约束不同 M_2 分潮振幅条件下的冲淤总量对比见表 4-2、图 4-8。从中可以看出,当 M_2 分潮振幅为 0.68 m 和 1.36 m 时,河口、河道冲刷,外海淤积,潮差越大,河道内冲刷量越小,河口冲刷量越大,外海淤积越大。而当 M_2 分潮振幅继续增加至2.72 m 时,河道淤积,这是由于强潮动力在涨潮时将河口内泥沙带至河道并形成淤积,河口地貌在 10 年内达到平衡态,10—20 年间冲刷量没有明显变化,外海整体淤积并处于动态平衡。

表 4-2　无工程约束不同 M_2 分潮振幅(a_{M_2})条件下冲淤总量统计表

方案	M_2 分潮振幅 a_{M_2} (m)	河道冲淤总量 $(\times 10^6 m^3)$			河口冲淤总量 $(\times 10^8 m^3)$			外海冲淤总量 $(\times 10^8 m^3)$		
		5 年	10 年	20 年	5 年	10 年	20 年	5 年	10 年	20 年
SE2-1	0.68	−21.6	−39.4	−64.8	−1.5	−3.6	−8.6	1.7	4.0	9.3
SE2-2	1.36	−7.9	−7.1	−3.9	−17.1	−29.3	−43.0	13.6	25.6	40.1
SE2-3	2.72	171.3	197.7	121.6	−43.9	−48.2	−48.0	1.3	−0.8	35.4

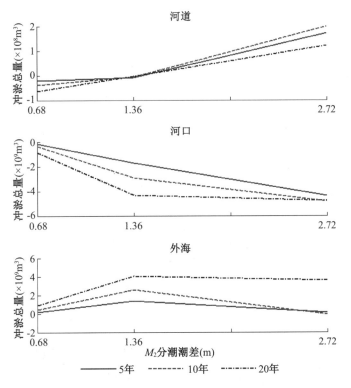

图 4-8　无工程约束不同 M_2 分潮振幅(a_{M_2})条件下冲淤总量对比图

　　总之,若无工程约束,潮差的增加会减小河道内冲刷量,增加河口内冲刷量。极大潮差在长期冲淤演变中对于河口冲刷量不能造成量级上的增加,但根据前文分析,其对地貌形态有更强烈的塑造作用,汊道内冲刷强度明显增加,深槽更加顺直。

4.3.2　工程约束下 M_2 分潮振幅对工程段地貌演变的影响

　　为了研究不同 M_2 分潮振幅对工程段冲淤演变的影响,针对外海分潮 M_2 振幅分别设置 3 个方案,不同方案中的潮位振幅分别为(SE2P—1)$a_{M_2}=0.68$ m、(SE2P—2)$a_{M_2}=1.36$ m、(SE2P—3)$a_{M_2}=2.72$ m。

　　工程约束下不同 M_2 分潮振幅对分汊河口 20 年冲淤变化的影响见图 4-9。从图中可以明显看出,在仅有外海 M_2 分潮作用的情况下,20 年地貌演变结果显示,工程段坝田内淤积,航道冲刷,在工程段上、下游存在淤积。随着 M_2 分潮振幅的增加,工程段内坝田淤积高度增加,航槽冲刷深度增加。当 M_2 分潮振幅为 1.36 m 时,航槽中心出现条带状淤积体,与汊道方向一致,但当潮差增加到 2.72 m 时,航槽中心条带状淤积体面积减小。

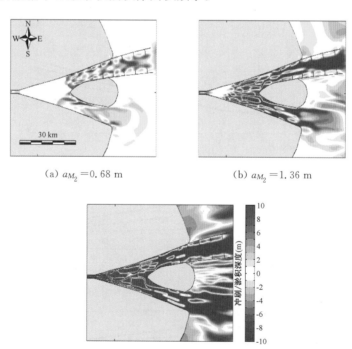

(a) $a_{M_2}=0.68$ m　　　　　　　　(b) $a_{M_2}=1.36$ m

(c) $a_{M_2}=2.72$ m

图 4-9　有工程约束不同 M_2 分潮振幅(a_{M_2})条件下河口 20 年冲淤变化图

　　不同条件下工程段内冲淤量随时间的变化曲线见图 4-10。当 $a_{M_2}=0.68$ m

时,前 5 年工程段内淤积量快速增长,随后几乎保持不变,但冲刷量持续增长,因此净冲淤量在 5 年内增加,随后逐渐减少。当 $a_{M_2}=1.36$ m 时,工程段内持续淤积,20 年淤积量达到 2.3 亿 m^3,冲刷量在前 12 年迅速增长,随后增长速度明显减缓,20 年冲刷量达到 4 亿 m^3。当 $a_{M_2}=2.72$ m 时,工程段内淤积量先增长后减少,10 年淤积量达到 4.8 亿 m^3,20 年淤积量减少至 4.0 亿 m^3。主要是航槽内在初期形成淤积体,随后在强潮动力下逐渐被冲刷,导致淤积总量减少。冲刷量在前两年迅速增长,随后变化速度减缓,冲刷量在前 12 年迅速增长,随后增长速度明显减缓,20 年冲刷量达到 4 亿 m^3。

　　综上,M_2 分潮振幅增大导致工程段内淤积量增长,且 10 年、20 年淤积量与 a_{M_2} 呈线性关系;当冲刷量达到 4 亿 m^3 后,工程段基本保持冲淤平衡。

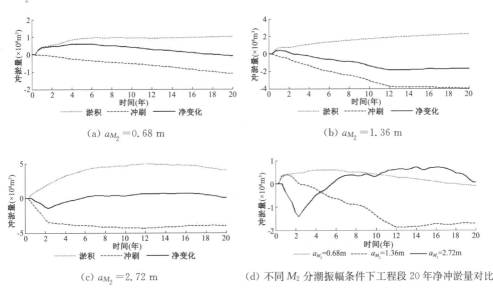

(a) $a_{M_2}=0.68$ m

(b) $a_{M_2}=1.36$ m

(c) $a_{M_2}=2.72$ m

(d) 不同 M_2 分潮振幅条件下工程段 20 年净冲淤量对比

图 4-10　有工程约束不同 M_2 分潮振幅(a_{M_2})对工程段 20 年冲淤变化的影响

表 4-3　有工程约束不同 M_2 分潮振幅(a_{M_2})条件下工程段内冲淤量统计表

方案	M_2分潮振幅 a_{M_2}(m)	5 年($\times 10^7$ m^3)			10 年($\times 10^7$ m^3)			20 年($\times 10^7$ m^3)		
		冲刷量	淤积量	净变化量	冲刷量	淤积量	净变化量	冲刷量	淤积量	净变化量
SE2P-1	0.68	−3.4	9.3	5.9	−5.5	9.3	3.8	−11.3	10.3	−1.1
SE2P-2	1.36	−19.1	13.1	−6.0	−32.9	17.6	−15.4	−40.0	23.0	−17.0
SE3P-3	2.72	−39.2	39.1	0.0	−43.1	47.6	4.5	−40.1	40.1	0.1

4.3.3　工程约束下 M_2 分潮振幅对无工程汊地貌演变的影响

　　针对不同 M_2 分潮振幅条件下的方案进行分析,有工程约束的方案(组次

SE2P)与无工程约束的方案(组次 SE2)的 20 年冲淤演变对比见图 4-11,以无工程方案的底高程作为基准,红色代表有工程方案底高程高于无工程方案,即淤积高度较大或冲刷深度较小,蓝色代表有工程方案底高程低于无工程方案,即淤积高度较小或冲刷深度较大。同时,南北汊冲淤量随时间变化的曲线见图 4-12,南北汊工程实施前后 20 年冲淤量统计见表 4-4。

a_{M_2}＝0.68 m 时,工程实施后与工程实施前相比最明显的变化发生在工程区,前文已分析。另外,在南北汊分汊口处,有工程方案比无工程方案淤积高度小,南汊淤积高度大于无工程方案。在南汊的汊道内有工程方案比无工程方案冲刷深度大。通过冲淤量随时间变化的曲线图可以更明显地看出,当 a_{M_2}＝0.68 m 时,南汊淤积量与冲刷量均增加,且冲刷量增幅大于淤积量,因此南汊有工程方案的净冲刷量大于无工程方案。当 M_2 分潮振幅增加到 1.36 m 时,在分汊口上游,工程实施前后的对比显示出有(无)工程约束条件下滩槽格局的变化,在有工程方案中淤积形成的滩地比无工程方案多且面积小。向南汊方向的深槽更加宽直。南汊淤积量不变,冲刷量增加,导致南汊净冲刷量增加。当 M_2 分潮振幅达到 2.72 m 时,由工程带来的地貌变化在河口与河道交界处较其他方案有明显增加。南汊在工程实施后冲刷更多。从冲淤量随时间变化的曲线看,南汊淤积量减少,冲刷量增加。

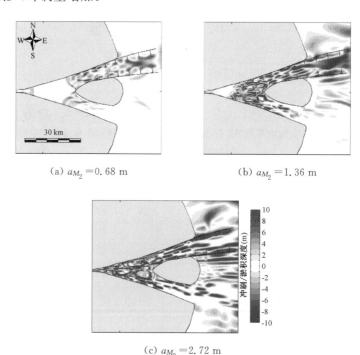

(a) a_{M_2}＝0.68 m

(b) a_{M_2}＝1.36 m

(c) a_{M_2}＝2.72 m

图 4-11　工程实施前后不同 M_2 分潮振幅(a_{M_2})条件下河口 20 年冲淤变化对比图

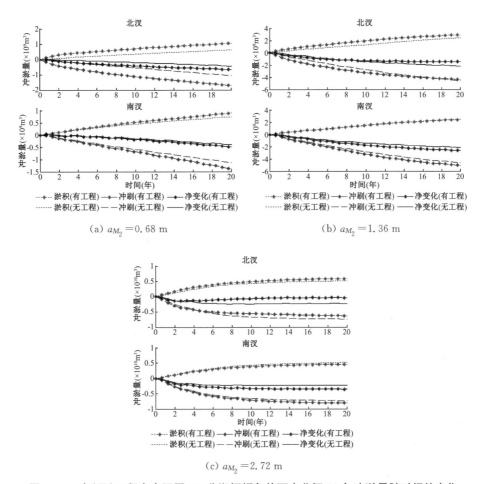

(a) $a_{M_2} = 0.68$ m (b) $a_{M_2} = 1.36$ m

(c) $a_{M_2} = 2.72$ m

图 4-12 有(无)工程方案不同 M_2 分潮振幅条件下南北汊 20 年冲淤量随时间的变化

表 4-4 不同 M_2 分潮振幅条件下南北汊 20 年冲淤量统计表

方案	M_2 振幅 (m)	北汊(工程汊道)($\times 10^9$ m³)			南汊(无工程汊道)($\times 10^9$ m³)		
		冲刷量	淤积量	净变化量	冲刷量	淤积量	净变化量
SE2-1	0.68	−1.07	0.64	−0.43	−1.15	0.76	−0.40
SE2P-1	0.68	−1.72	1.07	−0.65	−1.41	0.92	−0.48
SE2-2	1.36	−4.63	2.48	−2.15	−4.67	2.52	−2.14
SE2P-2	1.36	−4.38	2.95	−1.43	−5.11	2.44	−2.67
SE2-3	2.72	−7.39	5.13	−2.27	−7.44	5.12	−2.32
SE2P-3	2.72	−6.29	5.87	−0.42	−8.13	4.54	−3.59

4.4 分潮组合对地貌演变的影响

4.4.1 无工程约束下分潮组合对地貌演变的影响

为了研究不同分潮组合对地貌演变的影响,模型组次 SE3 上游没有径流,针对外海分潮分别设置 3 个方案,包括 M_2、S_2、O_1、K_1 分潮,不同方案中潮位振幅分别为(SE3-1)$a_{M_2}=1.36$ m、(SE3-2)$a_{M_2}=1.36$ m、(SE3-3)$a_{M_2}=1.36$ m、$a_{S_2}=0.6$ m、$a_{K_1}=0.1$ m、$a_{O_1}=0.1$ m。

不同分潮组合方案下河口 20 年冲淤演变见图 4-13,红色代表淤积,蓝色代表冲刷。从图中可以看出,河口区总体冲淤互现,形成复杂的滩槽形态。在外海只受 M_2 潮作用,同 SE3-2 方案,地貌演变分析见上节,在此不再赘述。M_2+S_2 分潮的共同作用下,S_2 分潮的加入令河口 20 年地貌冲淤变化较只有 M_2 分潮时剧烈,但整体冲淤形成的滩槽形态与只有 M_2 潮的差别不大。方案 SE3-3 中加入了 K_1、O_1 分潮,但是由于振幅较小(0.1 m),总体上对地貌演变贡献不大,冲淤形态与方案 SE3-2 几乎一致。

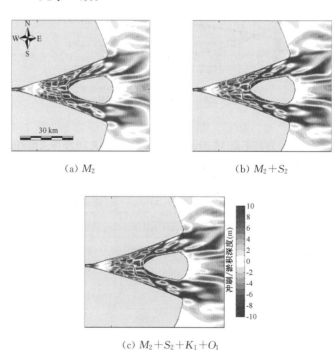

(a) M_2 (b) M_2+S_2

(c) $M_2+S_2+K_1+O_1$

图 4-13 无工程约束不同分潮组合方案下河口 20 年冲淤变化图

不同分潮组合方案下河口 20 年冲淤量随时间变化曲线见图 4-14。总体而言，M_2 分潮对地形冲淤演变贡献最大，M_2+S_2 分潮组合方案与 $M_2+S_2+K_1+O_1$ 分潮组合方案下 20 年地貌演变规律与仅有 M_2 潮类似。

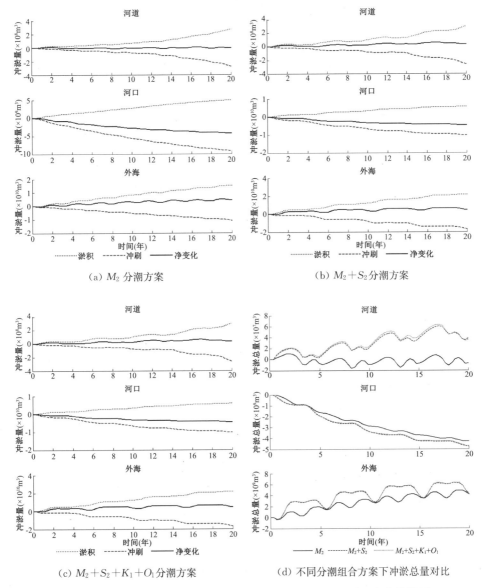

(a) M_2 分潮方案

(b) M_2+S_2 分潮方案

(c) $M_2+S_2+K_1+O_1$ 分潮方案

(d) 不同分潮组合方案下冲淤总量对比

图 4-14　无工程约束不同分潮组合方案下河口冲淤量随时间变化曲线图

对于河道而言，3 个方案中的河道冲刷量、淤积量几乎相等，且冲刷量、淤积量随时间变化呈现增长的趋势，20 年模拟并没有达到平衡状态。对于河口而言，3 种方案中的河口内总体冲刷量均大于淤积量。方案 SE3-2：河口内冲淤净变化量为－10亿 m³,冲淤量随时间呈线性变化,20 年演变没有达到平衡状态的趋势;方案 SE3-2:河口内冲淤净变化量为－40 亿 m³,冲淤演变速度随时间变化逐渐减小,尚未达到平衡状态;方案 SE3-3:河口内冲淤净变化量为－60亿 m³,10 年内冲淤变化量随时间推移逐渐减小,10 年后冲刷量、淤积量以及冲淤总量的变化很小,可以认为达到了准平衡状态。

通过对不同分潮组合方案下的冲淤总量进行对比(表 4-5、图 4-15),可以看出对于河口以及外海而言,M_2 分潮对地貌冲淤演变的贡献最大,当加入 S_2 分潮后,河口冲刷量增大,河道由冲转淤。

表 4-5　无工程约束不同分潮组合方案下冲淤总量统计表

方案	分潮组合	河道冲淤总量 ($\times 10^6$ m³)			河口冲淤总量 ($\times 10^9$ m³)			外海冲淤总量 ($\times 10^9$ m³)		
		5 年	10 年	20 年	5 年	10 年	20 年	5 年	10 年	20 年
SE3-1	M_2	−7.9	−7.1	−3.9	−1.7	−2.9	−4.3	1.4	2.6	4.0
SE3-2	M_2+S_2	14.0	30.5	42.6	−2.3	−3.5	−4.8	1.5	2.7	4.0
SE3-3	M_2+S_2+ K_1+O_1	15.9	33.4	39.7	−2.2	−3.5	−4.7	1.5	2.7	4.0

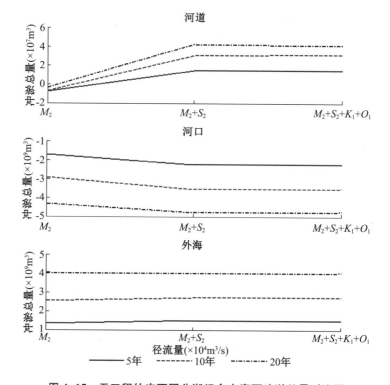

图 4-15　无工程约束不同分潮组合方案下冲淤总量对比图

4.4.2　工程约束下分潮组合对工程段地貌演变的影响

为了研究不同分潮组合对工程段冲淤演变的影响,针对外海分潮分别设置 3 个方案,包括 M_2、S_2、O_1、K_1 分潮,不同方案中的潮位振幅分别为(SE3P-1)a_{M_2}=1.36 m、(SE3P-2)a_{M_2}=1.36 m、(SE3P-3)a_{M_2}=1.36 m、a_{S_2}=0.6 m、a_{K_1}=0.1 m、a_{O_1}=0.1 m。

工程约束下不同分潮组合对河口 20 年冲淤变化的影响见图 4-16,红色代表淤积,蓝色代表冲刷。从图中可以看出,S_2 的加入并没有给工程段冲淤格局带来明显改变。K_1、O_1 的加入也没有对工程段内冲淤造成影响。

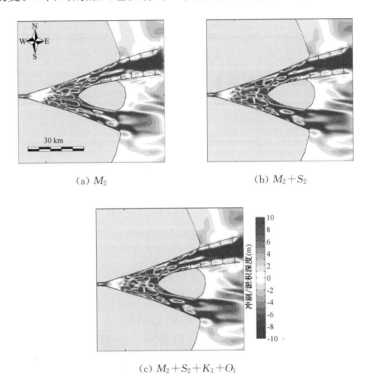

(a) M_2　　　　　　(b) M_2+S_2

(c) $M_2+S_2+K_1+O_1$

图 4-16　工程约束下不同分潮组合对分汊河口 20 年冲淤变化的影响

冲淤量统计见表 4-6,SE3P-1 方案与 SE2P-2 方案一致,上节已进行分析。SE3P-2 方案中(M_2+S_2),5 年的冲刷量、淤积量均大于 SE3P-1 方案(M_2),冲刷量增加了 0.4 亿 m^3,淤积量增加了 0.2 亿 m^3。SE3P-2 方案与 SE3P-1 方案中的 10 年冲刷量相比增量不变,仍为 0.4 亿 m^3,淤积量增量也为 0.4 亿 m^3。因此,两方案的净变化量一致。

20 年冲淤量统计结果显示,SE3P-2 方案中的冲刷量与 SE3P-1 方案一致,为 4 亿 m^3,淤积量大于 SE3P-1 方案。这说明,S_2 的加入在短期内增加了工程段的冲刷量与淤积量,长期(20 年)内主要增加工程段内的淤积量,对航槽冲刷影响不大。

表 4-6 工程约束下不同分潮组合方案下工程段内冲淤量统计表

方案	分潮组合	5 年($\times 10^8 m^3$)			10 年($\times 10^8 m^3$)			20 年($\times 10^8 m^3$)		
		冲刷量	淤积量	净变化量	冲刷量	淤积量	净变化量	冲刷量	淤积量	净变化量
SE3P-1	M_2	−1.9	1.3	−0.6	−3.3	1.8	−1.5	−4.0	2.3	−1.7
SE3P-2	$M_2 + S_2$	−2.3	1.5	−0.8	−3.7	2.2	−1.5	−4.0	3.0	−1.0
SE3P-3	$M_2 + S_2 + K_1 + O_1$	−2.3	1.5	−0.8	−3.7	2.2	−1.5	−4.0	3.0	−1.0

4.5 径潮流共同作用对地貌演变的影响

4.5.1 无工程约束下不同径潮流组合方案对地貌演变的影响

为了研究不同径潮流组合对地貌演变的影响,模型组次 SE4 外海采用 M_2、S_2、K_1、O_1 分潮组合潮位边界条件,外海边界条件与 SE3-3 方案一致,上游边界为不同流量的径流。组次 SE4 中不同方案的上游径流量(Q_r)分别为 0、10 000 m^3/s、20 000 m^3/s、30 000 m^3/s、50 000 m^3/s、100 000 m^3/s,分别记作方案 SE4-1、SE4-2、SE4-3、SE4-4、SE4-5、SE4-6。

不同方案下的河口 20 年冲淤演变见图 4-17,红色代表淤积,蓝色代表冲刷。没有上游径流作用的在 SE3-2 方案中已进行了分析。上游径流为 10 000 m^3/s 时,河口与河道交界处存在明显淤积,主要是因为河道泥沙被冲刷随上游水流下泄并淤积于此,同时可以看到一条明显的冲刷沟从河道延伸至河口区。河口内淤积形成的滩地数量较无径流方案减少但单体面积增加,汊道内形成更长的顺水流方向的淤积体,这主要是由于径流的作用使得落潮流流速增加,同时涨潮流在径流的顶托作用下流速减小且上溯距离减小。径流量在 50 000 m^3/s 以内时,径流的不同并没有给整体滩槽格局带来巨大影响。随着径流的增加,河口内冲刷沟的深度、长度均有所增加。径流量为 100 000 m^3/s 时,滩槽格局与其他方案明显不同。强径流作用使得河口区内产生大量淤积,汊道进口段淤积,滩槽交互的格局已不明显。河口内存在顺直且宽深的冲刷沟。

不同方案下的河口冲刷量、淤积量以及冲淤总量随时间变化的曲线见图 4-18,冲淤总量对比见图 4-19。在有径流的情况下,河道冲刷量随径流量的增加而增加。河口区冲刷量大于淤积量，冲淤总量与径流量的大小没有明显的关系。外海淤积量大于冲刷量，淤积量随径流量的增加而增大。

冲淤总量统计见表 4-7，河道、河口、外海 5 年、10 年、20 年冲淤总量与径流量的关系见图 4-20。河道冲刷量与径流量呈非常明显的线性关系，径流量 20 000 m³/s、30 000 m³/s、50 000 m³/s、100 000 m³/s 方案下的河道冲刷量分别为 10 000 m³/s 径流方案的 2 倍、3 倍、5 倍、10 倍，从图 4-20 中可以直观地看出其线性关系。将河道 20 年冲淤总量与径流量进行拟合，可以得出关系式 $Vc = -0.013Q + 43.66$。

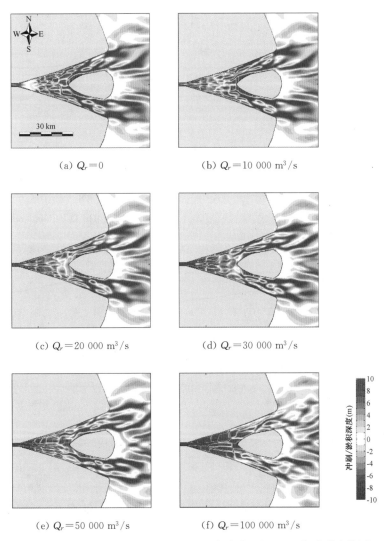

(a) $Q_r = 0$　　　　　　(b) $Q_r = 10\ 000\ \text{m}^3/\text{s}$

(c) $Q_r = 20\ 000\ \text{m}^3/\text{s}$　　　　(d) $Q_r = 30\ 000\ \text{m}^3/\text{s}$

(e) $Q_r = 50\ 000\ \text{m}^3/\text{s}$　　　　(f) $Q_r = 100\ 000\ \text{m}^3/\text{s}$

图 4-17　无工程约束外海潮汐与不同径流(Q_r)组合方案下河口 20 年冲淤变化图

除 100 000 m³/s 径流方案,其余不同径流方案对河口冲淤量的影响不大。说明不同的径流量主要影响滩槽格局,对净冲淤量的影响不大。外海淤积随径流量的增大而增加,说明在径潮流动力的共同作用下,不同径流携带的上游泥沙不在河口区内进行淤积,主要随落潮流淤积至外海。对 20 年外海冲淤总量与径流量进行拟合,可以得出关系式 $Vs = 90\ 710Q + 4 \times 10^9$。

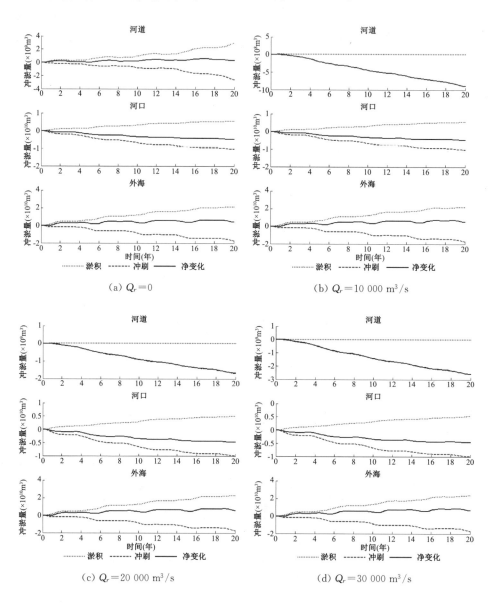

(a) $Q_r = 0$ (b) $Q_r = 10\ 000\ \text{m}^3/\text{s}$

(c) $Q_r = 20\ 000\ \text{m}^3/\text{s}$ (d) $Q_r = 30\ 000\ \text{m}^3/\text{s}$

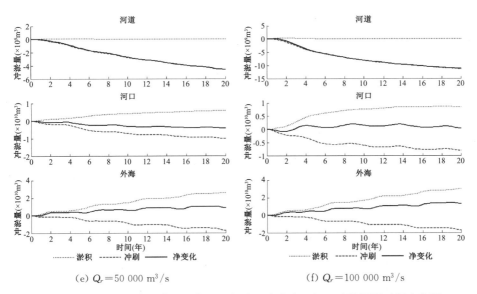

（e）$Q_r=50\ 000\ \mathrm{m^3/s}$　　　　（f）$Q_r=100\ 000\ \mathrm{m^3/s}$

图 4-18　无工程约束外海潮汐与不同径流组合方案下河口冲淤量随时间变化图

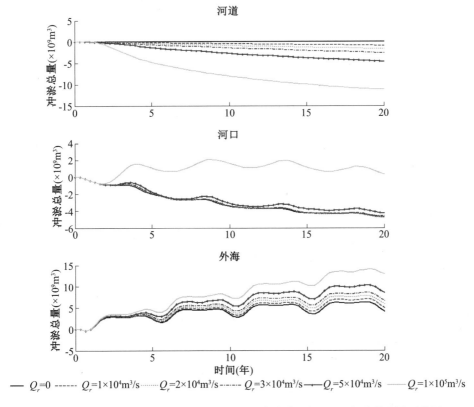

图 4-19　无工程约束外海潮汐与不同径流组合方案下河口 20 年冲淤总量对比图

表4-7　无工程约束外海潮汐与不同径流组合方案下冲淤总量统计表

方案	径流量 ($\times 10^4 m^3$)	河道冲淤总量 ($\times 10^7 m^3$)			河口冲淤总量 ($\times 10^9 m^3$)			外海冲淤总量 ($\times 10^9 m^3$)		
		5 年	10 年	20 年	5 年	10 年	20 年	5 年	10 年	20 年
SE4-1	0	1.6	3.3	4.0	-2.2	-3.5	-4.7	1.5	2.7	4
SE4-2	1	-23.3	-46.4	-90.7	-2.2	-3.5	-4.7	1.7	3.2	4.9
SE4-3	2	-48.1	-94.5	-170.9	-2.2	-3.5	-4.8	2.0	3.7	5.7
SE4-4	3	-76.1	-147.6	-263.0	-2.3	-3.5	-4.6	2.3	4.2	6.6
SE4-5	5	-149.9	-283.1	-466.0	-2.2	-3.3	-4.3	2.9	5.4	8.5
SE4-6	10	-523.0	-821.5	-1 122.3	0.8	1.3	0.1	4.0	7.2	13.0

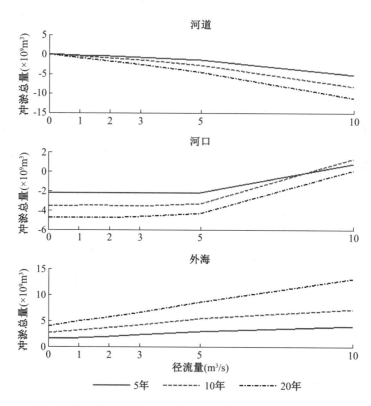

图4-20　无工程约束外海潮汐与不同径流组合方案下河口 20 年冲淤变化对比图

4.5.2　工程约束下不同径潮流组合方案对地貌演变的影响

外海潮动力和上游径流共同作用下的工程段冲淤变化见图 4-21,上游径流量分别为 0、10 000 m³/s、20 000 m³/s、30 000 m³/s、50 000 m³/s、100 000 m³/s,记为方案 SE4P-1、SE4P-2、SE4P-3、SE4P-4、SE4P-5、SE4P-6。从图中可以看出,随着径流量的增加,工程段内冲淤分布整体格局没有明显变化,坝田区以淤积为主,航槽以冲刷为主,但航槽中心出现条带状淤积。不同径流条件下的坝田区内淤积厚度差别不大,但随着径流量的增加,航道中心的条带状淤积体面积增加,淤积厚度增加。

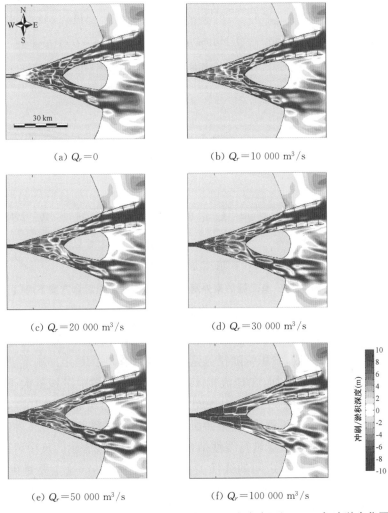

(a) $Q_r = 0$　　　　　　　　　　(b) $Q_r = 10\ 000$ m³/s

(c) $Q_r = 20\ 000$ m³/s　　　　　　(d) $Q_r = 30\ 000$ m³/s

(e) $Q_r = 50\ 000$ m³/s　　　　　　(f) $Q_r = 100\ 000$ m³/s

图 4-21　有工程约束外海潮汐与不同径流量(Q_r)组合方案下河口 20 年冲淤变化图

不同方案下工程段内冲淤量随时间变化的曲线见图4-22。随着径流量的增加,工程段内冲刷量减小,淤积量增加,除100 000 m³/s径流方案外,其他方案下的工程段内整体冲刷量大于淤积量。工程段内冲刷量在前10年发展较快,10年后发展速度明显减缓。淤积量随时间的变化持续增加。

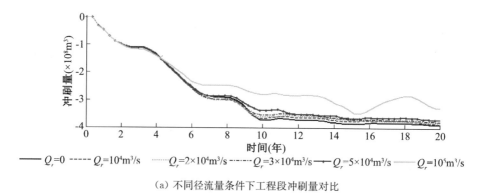

(a) 不同径流量条件下工程段冲刷量对比

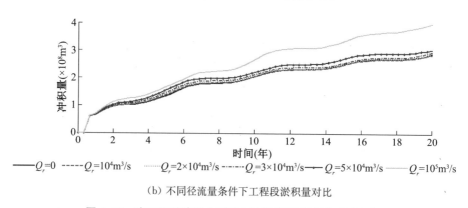

(b) 不同径流量条件下工程段淤积量对比

图4-22　有工程约束外海潮汐与不同径流量组合方案下河口20年冲淤变化图

5年、10年、20年冲淤量统计见表4-8。根据统计,5年不同径流量条件下的冲刷量几乎一致,淤积量随径流量的增加而增大。10年冲刷量随径流量的增加而减小,淤积量增加,在径流量100 000 m³/s方案中淤积量大于冲刷量。经过20年的冲淤演变,工程段内冲刷量仅比10年的增加不到10%,同样随径流量的增大而减小。工程段20年冲淤量与径流量关系见图4-23,将径流量与淤积量、冲刷量、净冲淤量进行线性拟合,在图中用虚线表示。从中可以看出,工程段内冲刷量与径流量之间的线性关系最好,$R^2 = 0.97$,这主要是由于随着径流量的增长,落潮流流速增加,将航槽内泥沙带至外海,导致航槽内冲刷量增加。

表 4-8　有工程约束外海潮汐与不同径流量组合方案下工程段内冲淤量统计

方案	径流量 (×10⁴m³/s)	5 年(×10⁷m³)			10 年(×10⁷m³)			20 年(×10⁷m³)		
		冲刷量	淤积量	净变化量	冲刷量	淤积量	净变化量	冲刷量	淤积量	净变化量
SE4P-1	0	−23.3	15.1	−8.2	−37.0	21.6	−15.4	−40.0	29.6	−10.4
SE4P-2	1	−23.5	15.4	−8.1	−36.2	21.5	−14.7	−38.7	29.3	−9.5
SE4P-3	2	−23.5	15.8	−7.7	−35.9	21.8	−14.1	−38.1	29.4	−8.7
SE4P-4	3	−23.5	16.2	−7.3	−35.4	22.2	−13.2	−37.9	30.2	−7.7
SE4P-5	5	−23.1	17.2	−5.9	−33.6	23.1	−10.5	−36.5	30.7	−5.8
SE4P-6	10	−21.0	18.3	−2.7	−27.6	28.7	1.0	−32.0	40.3	8.3

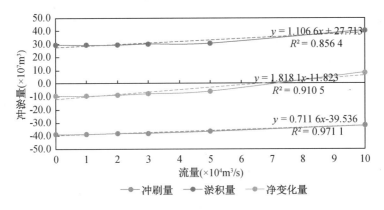

图 4-23　工程段 20 年冲淤量与径流量关系图

　　淤积量与径流量的线性关系不好主要是由于淤积分为坝田区淤积和航槽淤积。为了研究坝田区淤积量和航槽淤积量之间的关系,现统计坝田区淤积量与航槽淤积量,见表 4-9。从中可以看出,在整个工程段内,坝田区淤积量比航槽淤积量大一个量级,坝田区淤积是工程段内的主要淤积方式。前 5 年,坝田区淤积量与径流量之间呈良好的线性关系,淤积量随流量的增大而增加。航槽淤积量在极小或极大径流量条件下都较大,径流量为 30 000 m³/s 时最小,这是由于在径流量小的时候,航槽内淤积的主要动力是由潮汐引起的涨落潮流,随着径流量的增加,落潮流流速大于涨潮流流速,泥沙被落潮流带至外海从而减少了沉积在航槽内的泥沙量。但径流量继续增加,根据前文分析,上游泥沙随高速水流下泄并被带至工程段内,形成淤积。

　　20 年淤积结果显示,10 000 m³/s 与 20 000 m³/s 径流方案下的坝田区淤积量均小于无径流方案,径流量为 30 000 m³/s 及以上的坝田区淤积量大于无流量方案。不考虑100 000 m³/s 径流方案,航槽淤积在 20 000 m³/s 径流方案中达到最大。

表 4-9 坝田区淤积量与航槽淤积量统计表

方案	径流(×10⁴m³/s)	坝田淤积量(×10⁸m³)			航槽淤积量(×10⁷m³)		
		5 年	10 年	20 年	5 年	10 年	20 年
SE4P-1	0	1.22	1.76	2.41	2.88	4.01	5.46
SE4P-2	1	1.26	1.76	2.37	2.78	3.92	5.59
SE4P-3	2	1.31	1.78	2.38	2.68	3.99	5.62
SE4P-4	3	1.36	1.81	2.47	2.62	4.11	5.52
SE4P-5	5	1.46	1.90	2.55	2.63	4.13	5.19
SE4P-6	10	1.50	2.34	3.26	3.26	5.27	7.77

因此,对于整治工程段内坝田区与航槽的淤积量而言,潮流起主导作用,径流为次。在工程建设初期,上游径流量越大坝田区淤积量越大,航槽淤积量越小;中长期(20 年)阶段,坝田区淤积量在小径流量的作用下小于无径流条件下的,在大径流量的作用下大于小径流条件下的。

综上,在只有径流的方案中,除了极大径流量(100 000 m³/s),其他径流条件下的工程段内没有产生明显的冲淤变化。M_2 分潮振幅的增大在短期内增加了坝田淤积与航槽的冲刷,在中长期地貌演变(20 年)过程中增加了工程段的淤积量,分潮振幅 1.36 m 与 2.72 m 方案中的冲刷量没有明显区别。同样,S_2 分潮的加入增加了工程段淤积量,在短期内增加了冲刷量,在 20 年冲淤演变中对冲刷量没有影响。K_1、O_1 分潮由于振幅较小,其的加入对工程段冲淤量没有明显影响。径流的加入使工程段冲刷量减小,主要是在径潮流的共同作用下上游泥沙被带至工程段,因此减小了冲刷量。在径流量大于等于 30 000 m³/s 的方案中,径流的加入使工程段淤积量增加。对工程段内淤积量进行统计后发现,工程段内淤积以坝田区淤积为主,航槽淤积其次。因此,除了极大径流量外,工程段内冲淤量主要受外海潮汐作用的影响,由潮汐导致的冲淤量占总冲淤量的 90%以上,潮差越大,淤积量越大。

4.5.3 不同径潮流组合方案对无工程汊地貌演变的影响

当外海分潮相同,不同径流条件下有(无)工程约束 20 年冲淤演变对比见图 4-24。从冲淤演变对比图中可以看出,随着径流量的增加,南汊的冲淤演变比无工程方案更加剧烈。

南北汊冲淤量随时间变化的曲线见图 4-25,随着径流量从 0 增加到 50 000 m³/s,有(无)工程约束的南汊地貌变化差随径流量的增大而增加。工程约束下南汊冲刷量大于工程实施前,淤积量与工程实施前相比变化不大。但在极大径流量(100 000 m³/s)条件下,南汊工程实施前后的冲刷量、淤积量变化不是很明显,这主要是由于强水动力下工程对非工程汊动力的相对影响减弱,使工程实施前后冲淤量变化不明显。

　　工程实施前后的南北汊 20 年冲淤量统计见表 4-10,工程实施前后冲淤量变化统计见表 4-11;变化量为工程实施后的量减去工程实施前的量。由于冲刷量是负值,因此冲刷量变化中的负值代表冲刷量增加,正值代表冲刷量减小;淤积量变化中的正值代表淤积量增加,负值代表淤积量减小。南汊工程实施后的冲刷量大于工程实施前,工程实施前后冲刷量的变化在方案 SE4-4($Q_r=$ 30 000 m³/s)中最大,相差 5.5 亿 m³。工程实施后淤积量小于工程实施前,工程实施前后淤积量的变化随上游径流量的增加而减小。但在方案 SE4-6 中,由于极大径流量的存在,工程实施后南汊的淤积量大于工程实施前,根据前一章的分析可知,这主要是因为工程的实施增加了南汊分流分沙比,更多由极大径流量带来的高含沙水流下泄至南汊淤积,导致淤积量比工程实施前大。工程实施前后净冲淤量的变化同样在方案 SE4-4 中达到最大。

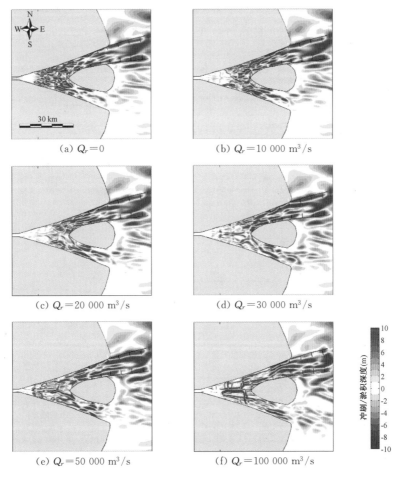

(a) $Q_r=0$

(b) $Q_r=10\ 000\ \mathrm{m^3/s}$

(c) $Q_r=20\ 000\ \mathrm{m^3/s}$

(d) $Q_r=30\ 000\ \mathrm{m^3/s}$

(e) $Q_r=50\ 000\ \mathrm{m^3/s}$

(f) $Q_r=100\ 000\ \mathrm{m^3/s}$

图 4-24　有(无)工程方案不同径潮流作用下地貌演变对比图

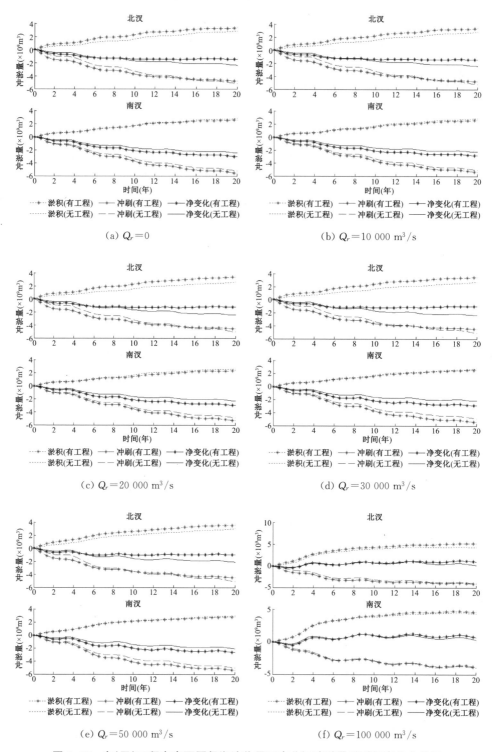

(a) $Q_r = 0$　　　　　　　　　　(b) $Q_r = 10\,000\ \mathrm{m^3/s}$

(c) $Q_r = 20\,000\ \mathrm{m^3/s}$　　　　　　(d) $Q_r = 30\,000\ \mathrm{m^3/s}$

(e) $Q_r = 50\,000\ \mathrm{m^3/s}$　　　　　　(f) $Q_r = 100\,000\ \mathrm{m^3/s}$

图 4-25　有(无)工程方案不同径潮流作用下南北汉冲淤量随时间变化曲线图

表 4-10　径潮流共同作用下南北汊工程实施前后 20 年冲淤量统计表

方案	径流量 ($\times 10^4 \mathrm{m}^3/\mathrm{s}$)	北汊(工程汊道)($\times 10^9 \mathrm{m}^3$)			南汊(无工程汊道)($\times 10^9 \mathrm{m}^3$)		
		冲刷量	淤积量	净变化量	冲刷量	淤积量	净变化量
SE4-1	0	−5.25	2.90	−2.35	−5.26	2.84	−2.42
SE4P-1	0	−4.82	3.41	−1.40	−5.64	2.60	−3.04
SE4-2	1	−5.32	2.88	−2.44	−5.15	2.90	−2.26
SE4P-2	1	−4.80	3.38	−1.43	−5.49	2.61	−2.87
SE4-3	2	−5.12	2.67	−2.46	−4.90	2.63	−2.28
SE4P-3	2	−4.62	3.42	−1.20	−5.35	2.40	−2.95
SE4-4	3	−5.17	2.81	−2.36	−4.95	2.78	−2.17
SE4P-4	3	−4.51	3.50	−1.02	−5.50	2.59	−2.91
SE4-5	5	−5.20	3.09	−2.11	−5.13	3.01	−2.12
SE4P-5	5	−4.56	3.60	−0.96	−5.50	2.83	−2.67
SE4-6	10	−4.16	4.23	0.07	−4.15	4.32	0.17
SE4P-6	10	−4.23	5.15	0.92	−4.05	4.59	0.54

表 4-11　径潮流共同作用下南北汊工程实施前后 20 年冲淤量变化值统计表

方案	径流量 ($\times 10^4 \mathrm{m}^3/\mathrm{s}$)	北汊(工程汊道)($\times 10^9 \mathrm{m}^3$)			南汊(无工程汊道)($\times 10^9 \mathrm{m}^3$)		
		冲刷量 变化	淤积量 变化	净冲淤 量变化	冲刷量 变化	淤积量 变化	净冲淤 量变化
SE4-1/SE4P-1	0	0.43	0.51	0.94	−0.38	−0.25	−0.63
SE4-2/SE4P-2	1	0.51	0.50	1.02	−0.34	−0.28	−0.62
SE4-3/SE4P-3	2	0.51	0.75	1.26	−0.44	−0.23	−0.67
SE4-4/SE4P-4	3	0.66	0.69	1.35	−0.55	−0.19	−0.74
SE4-5/SE4P-5	5	0.64	1.15	1.15	−0.38	−0.18	−0.56
SE4-6/SE4P-6	10	−0.07	0.92	0.85	0.10	0.27	0.37

　　综上,分汊河口中一汊整治工程由于改变了分水分沙比,对另一汊地貌演变的改变作用也不可忽视。南汊工程实施后的冲刷量较无工程方案有所增加,深槽冲刷深度更大。大部分方案中的淤积量在减少,但在方案 SE2-1(M_2 分潮振幅为 0.68 m)与方案 SE4-6(径流量为 100 000 m^3/s)情况下的工程后淤积量有所增加。

4.5.4 不同径潮流动力对河口地貌演变贡献分析

河道的冲淤量在无外海潮汐和有外海潮汐的作用下均与径流量存在良好的线性关系,径流量越大,河道内向下游的平均流速越快,更多床面泥沙被带至下游河口段,因此河道的冲刷量越大。只有在潮流作用下,M_2 分潮振幅越大,M_2 向上游传播距离越长,根据第二章中的分析,M_2 与 M_4 分潮产生的潮波不对称性形成涨潮优势流,因此 M_2 分潮振幅的增加会导致外海或河口泥沙沉积在河道内。在径潮流共同作用下的冲淤量大于只有径流或只有潮流的方案下的冲淤量的叠加。这是因为径潮流的共同作用与只有外海潮汐边界条件相比增加了落潮流流速,涨潮流受到径流的顶托作用,流速降低,潮区界向下游移动,因此更多的泥沙被带至下游,更少的泥沙从外海或河口被带至上游,造成冲刷量增加。对于河道的冲刷,径流起主导作用,其次是径潮流共同作用。

对于河口而言,径流将河道内泥沙带至河口并沉积,增加了河口的淤积量;潮流的净冲淤量主要受到外海潮汐作用的影响,外海潮差越大,河口冲刷量越大,同时不同潮汐组分的共同作用也增加了河口的冲刷量。但在径潮流的共同作用下,河口冲淤总量主要来自于潮流作用下的河口冲刷量,径流量的增加(特大流量除外)与河口冲淤量不存在明显的相关性。径潮流共同作用下的径流主要影响河口内滩槽的分布特征,在径流量大的方案中河口内深槽宽直,在径流量小的方案中深槽窄浅且呈蜿蜒形态。

在只有径流的组次中,外海在 20 年地貌演变模拟中没有冲淤变化;在只有外海潮汐的组次中,当分潮振幅从 0.68 m 增加到 1.36 m 时,外海淤积量增加,但当振幅继续增加,淤积量反而减小,潮汐组分对外海的淤积量影响很小。在径潮流的共同作用下,外海淤积量随上游径流的增加而增大,在径流量小于等于 30 000 m³/s 的方案中,以潮流作用导致的淤积为主;当径流量大于 30 000 m³/s 时,以径流作用导致的淤积为主。

4.6 本章小结

本章采用概化分汊河口数学模型研究了不同径潮流动力下分汊河口 20 年地貌演变对整治工程的响应,并根据模拟结果改进了河床平衡水深理论模型,主要结论如下。

(1)在无整治工程方案中,河道以冲刷为主,受到无外海潮汐和有外海潮汐作用的冲淤量均与径流量存在良好的线性关系,径流量越大,河道的冲刷量越大。外海分潮振幅越大,河道内冲刷量越小。受到径潮流共同作用的冲淤量大于只有径流或只有潮流的方案下的冲淤量的叠加。对于河道的冲刷,径流量的大小起主导作用。河口区冲淤互现,总量以冲刷为主。淤积量随径流量的增加而增加,冲刷量随外海分振幅的增加以及潮汐组分的增加而增大。在径潮流的共同作用下,河口的主要冲淤变化量来自于潮汐的作用,径流的变化主要改变滩槽分布特征,对河口冲淤量影响较小。外海有冲有淤,总量以淤积为主。在只有径流的情况下,外海无冲淤变化,在只有潮汐的方案中,当分潮振幅为 1.36 m 时外海淤积量最大,不同潮汐组分对外海的淤积量影响很小。在径潮流的共同作用下,外海淤积量随上游径流量的增加而增大,在径流量小于等于 30 000 m³/s 的方案中,以潮流作用导致的淤积量为主;当径流量大于 30 000 m³/s 时,以径流作用导致的淤积为主。

(2) 在有整治工程的方案中,工程段内主要冲淤表现形式为坝田区淤积,航道冲刷。在无外海潮汐方案中,只有极大径流量方案给工程段带来了淤积。在无径流方案中,M_2 分潮振幅的增大在短期内增加了坝田区淤积与航槽的冲刷,在中长期地貌演变(20 年)阶段增加了工程段的淤积量。加入 S_2 分潮后的效果与 M_2 分潮振幅增加的效果相同。K_1、O_1 分潮由于振幅较小,其的加入对工程段冲淤量没有明显影响。径潮流的共同作用下,径流的加入使工程段冲刷量减小;在径流量大于等于 30 000 m³/s 的方案中,工程段淤积量大于无径流方案。因此,除了极大流量外,工程段内冲淤量主要受外海潮汐作用的影响,由潮汐导致的冲淤量占总冲淤量的 90%以上,潮差越大,淤积量越大。

(3) 分汊河口中一汊整治工程由于改变了分水分沙比,对另一汊地貌演变的改变作用也不可忽视。南汊在工程实施后的冲刷量较无工程方案有所增加,深槽冲刷深度更大。大部分方案中的淤积量在减少,但在方案 SE2-1(M_2 分潮振幅为 0.68 m)与方案 SE4-6(径流量为 100 000 m³/s)情况下的工程后淤积量有所增加。

第五章

工程作用下长江口中长期地貌演变模拟

　　第二章对长江口水沙条件及1998—2016年地貌进行了分析,为长江口地貌模拟提供了数据支持。第三、四章通过概化分汊河口数学模型研究了不同动力对整治工程约束下的河口地貌演变的影响,为长江口中长期地貌演变模型的动力条件概化提供了指导。本章通过长江口数学模型对整治工程影响下的南北槽河段实现40年冲淤演变预测,首先介绍了长江口水-沙-地貌数学模型的基本条件并对洪、枯季水动力及含沙量进行验证;随后根据工程影响下河口地貌演变特征改进了现有长期地貌演变模拟技术,提出了随时间变化的地貌演变加速因子,通过比较断面泥沙输运的方法得到了外海地貌代表潮并对地貌演变模型进行了9年冲淤验证;最后通过验证的模型预测了2016—2056年长江口南北槽地区地貌演变趋势。

5.1　长江口水沙模型建立

5.1.1　计算区域及模型网格

　　本模型的计算区域包括了整个长江口、杭州湾区域以及其毗邻海域,长江口二维模型计算范围及网格如图5-1所示。上游边界至潮区界大通站,外海东边界在-50 m等深线以外,最远位于东经124.24°,北边界位于北纬34.67°,南边界最远位于北纬29.33°。模型东西跨度及南北跨度均在600 km左右。模型网格为正交化网格,横向网格1 431个,纵向163个。外海处网格尺寸较大,达到2 km×2 km,对长江口区域进行了局部加密,最小网格尺寸为70 m×60 m。坐标为高斯-克吕克坐标。北槽深水航道两侧的双导堤和丁坝群在模型中使用Current Deflection Wall(CDW)来表示,当水位超过指定高程时,水流能越过导堤。根据柯朗数(Courant Number)原则,时间步长取60 s。地形数据采用长江口水文水资源勘测局提供的2011年地形作为2011年枯季、2013年洪季水-沙运动验证模型的地形;采用2016年地形作为地貌演变预测模型的初始地形。

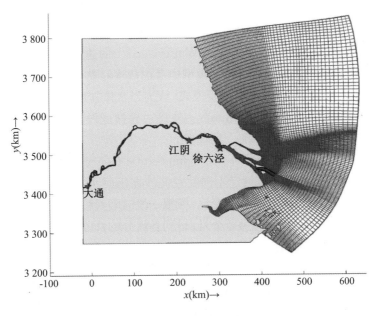

图 5-1　模型网格边界图

5.1.2　模型边界条件

根据第一章中的分析,常态波浪对地貌演变贡献较小,因此在本章中不做考虑。在长周期地貌模拟中,对极端事件如大洪水、风暴潮等概化技术尚不成熟,因此本章重点考虑潮流、径流对长江口南北槽地区长周期地貌演变的作用。模型中外海开边界条件为水位控制,上游大通站边界采用流量控制。首先取 2013 年2 月(枯季)与 2011 年 8 月(洪季)的大通站实测逐日流量条件与中国东海模型计算的随时间变化的外海水位条件作为边界条件对模型进行水动力、含沙量验证。

在中长期地貌演变模拟中,为了简化动力条件并适用于加速因子法下的模型,对上游径流和外海边界条件进行概化,采用概化后的边界条件,具体见 5.2.2 节。

5.1.3　泥沙组分及参数

模型覆盖范围较大,长江下游从大通至长江口泥沙粒径和性质有较大差异,其主要特征是上游颗粒较粗,河口颗粒较细。拦门沙地区以黏土质粉砂为主。由于本章主要针对长江口南北槽区域,因此泥沙组分以及参数的选取主要根据第四章中南北槽的泥沙实测资料。

由于长江口泥沙组成较为复杂,均匀沙无法代表其实际情况,在模型中考虑多种泥沙组分,包含黏性沙与非黏性沙。根据资料,在本模型中考虑 3 种组分的非黏性沙和一种黏性沙。非黏性沙粒径分别选择 70 μm、100 μm 和 300 μm,非黏性沙密度为 1 600 kg/m³。黏性沙干密度取 500 kg/m³,侵蚀速率取 5×10⁻⁵kg/(m²·s),泥沙沉降速度取 0.25 mm/s,临界冲刷切应力根据敏感性分析取 0.7 N/m²,临界淤积切应力采用 Winterwerp[72] 的建议,在模型中不进行设置,表示泥沙颗粒随时会进行沉降。模型中考虑盐水对黏性沙的絮凝作用,根据陈曦[73] 的试验研究,采用简单的絮凝模式,认为当水体盐度超过 8psu 时泥沙发生絮凝沉降,沉降速度增至 0.5 mm/s。外海边界盐度设置为 30psu,上游边界盐度为 0,初始盐度场采用丁磊[74] 的设置。

初始床面泥沙粒径分布采用 Bed Composition Generation(BCG)[32] 方法获得,其步骤:首先根据实测值给定不同粒径泥沙在床面所占比例,随后在模型中进行模拟计算,但床面不发生冲淤变化,模拟一段时间后粒径重新分布并达到稳定状态,在本模型中模拟时间为 2 个月,得到各组分的百分比。将泥沙百分比结果应用于模型,作为初始床面泥沙粒径分布,如图 5-2 所示。

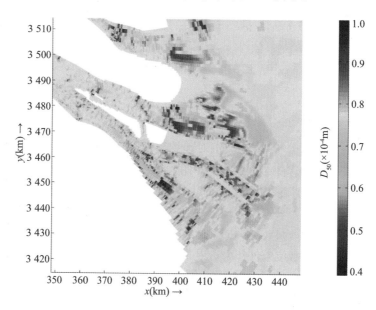

图 5-2　通过 BCG 方法获得的初始底床泥沙粒径分布图

5.1.4　模型水动力与含沙量验证

模型水动力与含沙量验证采用洪、枯季水文资料,分别为 2011 年 8 月与 2013 年 2 月大潮水文测验资料。水位验证采用的潮位站布置见图 5-3,水位资料为一个月连续水位条件。流速流向以及泥沙验证站点布置见图 5-4。受资料限制,验证时间为一次水文测验,分别为 2011 年 8 月 14 日 6:00 至 15 日 10:00、2013 年 2 月 25 日 5:00 至 26 日 9:00,均为大潮期间。

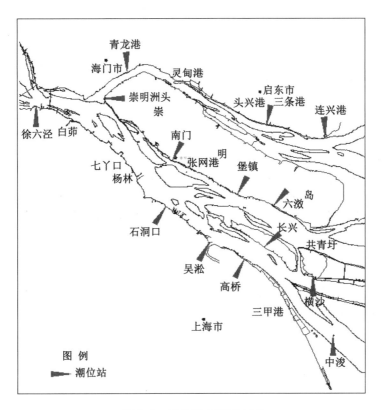

图 5-3　潮位站布置示意图

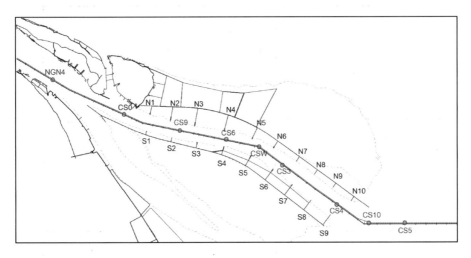

图 5-4　流速测点布置示意图

5.1.4.1　枯季验证（2013 年 2 月）

枯季水位验证点较少,采用徐六泾站、崇明洲头站、杨林站、灵甸港站、连兴港站,见图5-5。流速流向以及含沙量验证主要采用北槽测量点,验证时间为2013年2月25日5:00至26日9:00,见图5-6、图5-7。

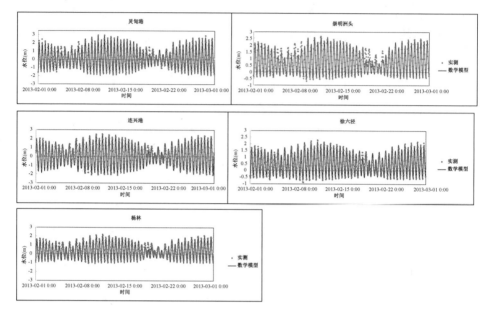

图5-5 枯季水位验证(2013年2月)

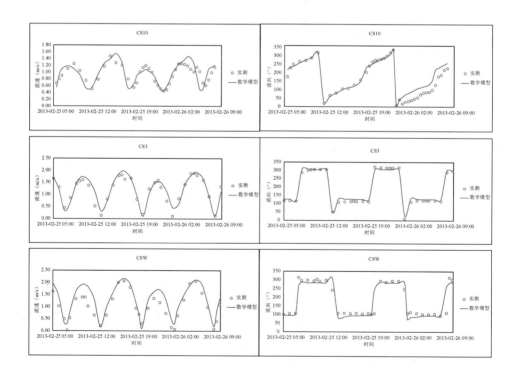

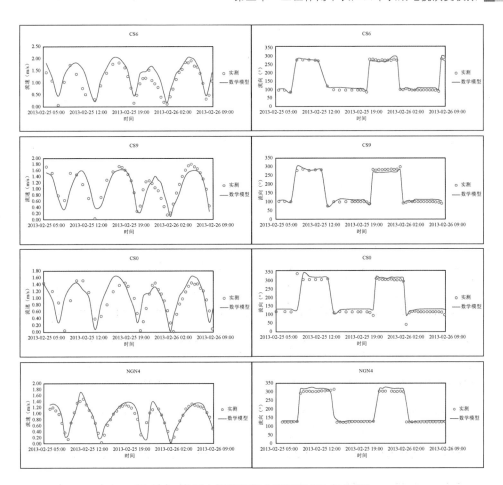

图 5-6 枯季大潮流速流向验证(2013 年 2 月)

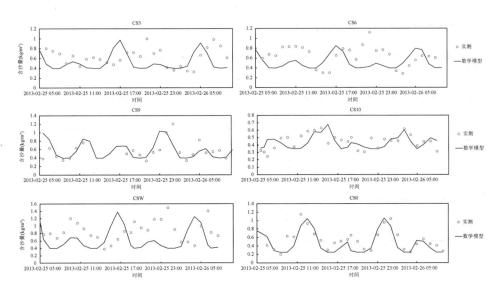

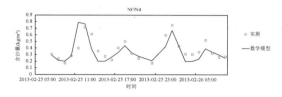

图 5-7　枯季含沙量验证(2013 年 2 月)

5.1.4.2　洪季验证(2011 年 8 月)

　　2011 年 8 月潮位站资料较多,包括白茆、堡镇、北槽中、长兴、横沙、鸡骨礁、牛皮礁、石洞口、吴淞、徐六泾、杨林、崇明洲头、共青圩、六潋,均进行验证,结果见图 5-8 至图 5-10。

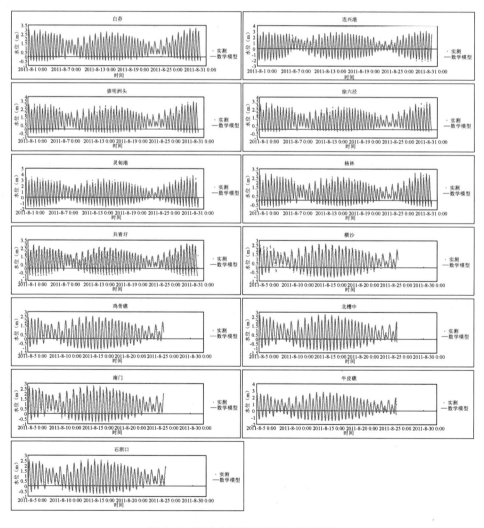

图 5-8　洪季水位验证(2011 年 8 月)

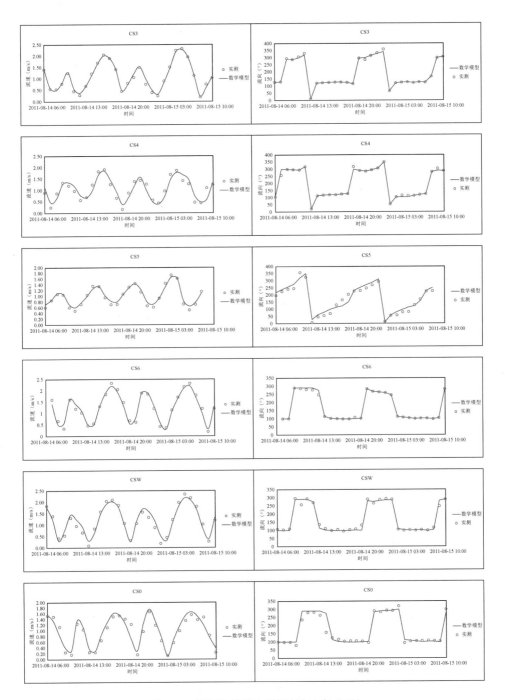

图 5-9 洪季流速流向验证(2011 年 8 月)

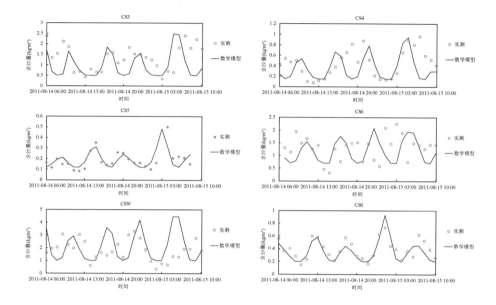

图 5-10 洪季含沙量验证(2011 年 8 月)

采用均方根误差($RMSE$、相关系数 Correlation Coefficient(CC)和 Skill Score(SS)对模型精度进行统计分析,计算公式分别为:

$$RMSE = \sqrt{\frac{\sum (X_{mod} - X_{obs})^2}{N}} \tag{5-1}$$

$$CC = \frac{\sum (X_{mod} - \bar{X}_{mod})(X_{obs} - \bar{X}_{obs})}{\left[\sum (X_{mod} - \bar{X}_{mod})^2 \sum (X_{obs} - \bar{X}_{obs})^2 \right]^{1/2}} \tag{5-2}$$

$$SS = 1 - \frac{\sum (X_{mod} - X_{obs})^2}{\sum (X_{obs} - \bar{X}_{obs})^2} \tag{5-3}$$

式中:X 为统计分析变量;下标 mod 和 obs 分别表示模型计算值和观测值;上标 "—"表示平均值。$SS=1$,表示模型结果完美;$SS>0.5$ 时,认为模型很好。

统计分析显示枯季 5 个、洪季 13 个潮位站中最大均方根误差为 0.21 m,平均值 0.19 m;相关系数均超过 95%,平均值达到 98.3%;SS 的平均值也达到 0.932,表明潮位模拟具有很好的精度。流速相关系数超过 85%,流向的相关系数在 2011 年 8 月和 2013 年 2 月分别为 93.5% 和 82.8%;流速的均方根误差为 0.07~0.26 m/s,平均值依次为 0.21 m/s 和 0.16 m/s,表明模拟结果较为理想。

5.2 工程影响下中长期地貌演变模拟技术

5.2.1 地貌演变加速技术

5.2.1.1 加速因子法

传统的动力地貌数学模型基于水-沙-地形冲淤的思路,为了满足数值差分格式的稳定性和收敛性要求,时间步长通常较小,可以研究短期内的地貌演变过程。但利用实时模型进行长期形态模拟会带来很大的计算工作量。由于目前的计算能力有限,为了降低计算成本,引入加速因子,通过地貌更新加速因子手段将原有水动力时间尺度下的泥沙输运量拓展到地貌变化时间尺度下的泥沙输运量及相对应的地貌变化。简单来说,其方法是每一个水动力时间步长的地形冲淤结果乘以加速因子即为加速后的地形冲淤变化,模拟过程中水动力过程总时间乘以加速因子即为地貌演变过程总时间,由此实现中长期地貌变化模拟的加速,使在可接受时间内对数十年甚至百年的地貌演变数学模拟成为可能。此方法的优点在于每一个时间步长地貌更新一次并应用到下一步水动力计算中,其流程如图5-11所示,此过程与实际物理过程相符,可以用来研究水-沙-地貌演变的相互作用关系。

使用地貌演变加速因子法的前提是一个水动力计算时间步长内的泥沙净输运量和地形冲淤变化量很小,乘以加速因子后的地形冲淤变化不能对地貌格局有较大的影响。因此,此方法适用于地貌的常态演变,当河口经历上游洪水、外海风暴潮时,此方法应谨慎使用。一般的原则是一个潮周期内加速后的地形冲淤变化不能大于水深的10%。在实际应用中,目前最大加速因子为400[66],这大大提高了长期模拟的计算效率。

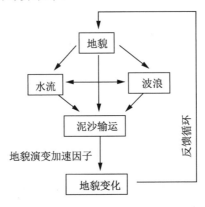

图5-11 包含加速因子的实时地貌更新方法流程图

5.2.1.2 工程影响下地貌加速因子敏感性分析

原有加速因子法主要适用于河口海岸地区的自然地貌演变模拟。大量工程经验表明,在河口整治工程影响下,由于破坏了原有地貌平衡状态,工程结束后一段时间内地形冲淤变化剧烈,随着地貌向平衡态发展,地形冲淤变化速度减缓(长江口深水航道回淤具有此典型特征)。在此情况下,原有单一加速因子不能解决工程刚刚完工阶段的模拟精度(取较小加速因子)与缩短整体模拟时间(取较大加速因子)之间的矛盾。为了解决上述问题,可以考虑采用随时间变化的加速因子,即工程完工后短期内选择较小加速因子以满足模拟精度要求,一段时间后采用较大加速因子以满足缩短模拟时间的需求。但 Roelvink[75] 曾指出,采用变加速因子时需要特别注意其引起的误差。因此,工程影响下的中长期地貌演变模拟中加速因子的选择具有挑战性,在本章中先采用一维概化模型进行探讨,对加速因子的选取进行敏感性分析。

一维概化模型河道长 5 km,上游采用流量控制条件,径流量取 200 m^3/s,下游为水位控制条件,水位为 0 m。泥沙采用非黏性沙,假设河道上游至下游泥沙粒径一致,中值粒径 $D_{50}=200$ μm。初始地形采用平衡地形加部分河段疏浚以实现工程影响下的模拟,先通过给定的水沙边界条件进行模拟直至无地貌变化后的地形,则认为此地形为相应水沙条件下的地貌平衡状态,上游水深为 4.00 m,下游为 4.25 m。在 2～2.5 km 处疏浚至 −5 m,作为模型的初始地形。

不加速模型的河床纵剖面随时间变化见图 5-12。由此可以看到,随着计算时间的增加,疏浚段有恢复至平衡地形的趋势。初期,疏浚段呈现上游淤积、下游冲刷的趋势,因此疏浚段变得宽浅且不断向下游移动。当模拟时间为 200 d 时,地貌已经恢复至工程前的平衡状态。

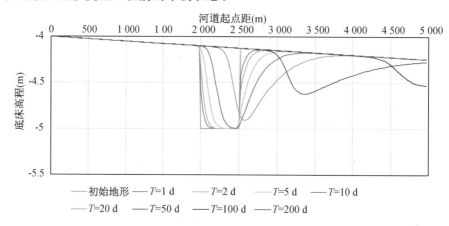

图 5-12 不同计算时间下河床纵剖面变化图

采用加速因子 1(不加速)、10、20、30、40、50、80、100、120、200 进行敏感性试验分析。不加速模型的水动力计算时间为 200 d,输出时间步长为 1 h。其他采用加速因子的模型水动力时间和输出时间步长分别为 200 d 和 1 h 除以相应的加速因子,以保证不同加速因子模型的地貌计算时间和地貌输出时间步长相同。

将不加速模型当作本次试验的基准模型,将其他加速后的模型计算得到的累计地形变化量与基准模型计算结果进行比较计算,得到均方根误差(RMSE):

$$E_{rms}(t) = \sqrt{\frac{\sum\limits_{i=1}^{N}\left[\varepsilon_{i,m}(t) - \varepsilon_{i,r}(t)\right]^2}{N}} \qquad (5-4)$$

式中:$E_{rms}(t)$ 代表 t 时刻的均方根误差;$\varepsilon_{i,m}(t)$ 代表 t 时刻加速因子为 m 的模型中第 i 点的累计冲淤厚度;$\varepsilon_{i,r}(t)$ 代表 t 时刻基准模型(不加速)第 i 点的累计冲淤厚度;N 代表模型网格数量。

加速因子为 10、20、50、100、200 的模型冲淤变化均方根误差随时间变化曲线见图 5-13,从图 5-13 中可以看出加速因子(MORFAC)=200 时的均方根误差远大于其他加速因子模型;下图中不包括加速因子为 200 的模型,由此可以看出,模拟时间在 120 d 以内,加速因子越大,均方根误差越大,这主要是由于初始

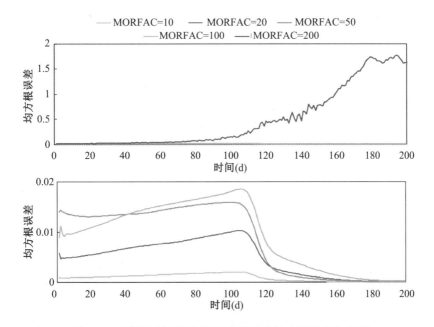

图 5-13　不同加速因子下地形冲淤演变均方根误差变化图

阶段地形冲淤变化剧烈,加速因子人。120天以后,不同加速因子模型的均方根误差均有所下降,这主要是由于模拟后期地形冲淤变化速度减小,相应地貌变化误差减小。

通过上述分析,在本模型中,加速因子在100以内的地貌演变模型最终的模拟效果一致,地貌均能达到平衡状态。但在模拟初期阶段,由于地形变化较为剧烈,因此与基准模型相比采用加速因子后地形变化存在误差,且加速因子越大,相对误差越大。

在地貌演变预测中,若只关心长周期地貌演变后的平衡状态,可以采取较大的加速因子,如100。若关心变化过程且希望能实现精细模拟,则加速因子不能过大。现建立地貌演变速度与均方根误差之间的关系,可以为今后加速因子的选择提供指导。对每一个输出步长的累计冲淤均方根误差与河床平均变化率建立相关关系,见图5-14。横坐标为河床平均每天的冲淤变化厚度,纵坐标是相应的均方根误差。在选择加速因子时,在可接受的误差范围内选取最大的加速因子以达到节约计算时间、提高计算效率的目的。

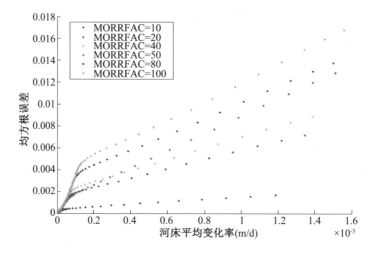

图5-14 河床平均变化率与累计冲淤均方根误差的关系图

5.2.1.3 变加速因子在工程影响下地貌演变模型中的使用

在本模型中,由于疏浚工程的影响,前期地貌演变速度快,后期逐渐放缓。根据上述河床变化率与均方根误差之间的关系,可以在初期选择较小的加速因子,后期选择较大的加速因子,在满足模拟精度要求的同时提高模拟效率,具体设置见表5-1。在前两天加速因子采用10,第3—4天、第5天和第6天加速因子分别采用20、40、100。累积地貌模拟时间为200 d,水动力时间为6 d,加权平均加速因子为33.3。

表 5-1 随时间变化的加速因子设置

水动力模拟时间	水动力模拟时长(d)	加速因子	地貌时间尺度(d)	累积地貌时间(d)
第 1—2 天	2	10	20	20
第 3—4 天	2	20	40	60
第 5 天	1	40	40	100
第 6 天	1	100	100	200

为了比较变加速因子与恒定加速因子模拟的精度,同时建立加速因子为33.3、水动力时间为 6 d 的模型进行地貌演变模拟。同样以加速模拟作为基准模型,比较两组方案之间的均方根误差,如图 5-15 所示。从图中可以看出,变加速因子模型的模拟结果均方根误差小于恒定加速因子模拟结果。

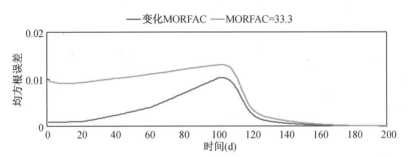

图 5-15 变加速因子与常规单一加速因子方案(加速因子取 33.3)
地形冲淤演变均方根误差对比图

因此,在工程影响下的地貌演变模拟中,采用变加速因子可以在缩短模拟时间的同时减小模拟结果的相对误差。

河口地区动力条件复杂,地貌受到径潮流共同作用,在加速因子的选择上应当慎重,本章中长江口地貌演变模拟的加速因子通过敏感性分析来确定。结果显示,采用 50 以上的加速因子模拟出来的滩槽格局与不加速对照组有较大区别,均方根误差最大达到 0.5。

同时,近年来长江口区域不断施工,因此采用先小后大的变加速因子较适合长江口区域工程实施后的地貌演变模拟,具体设置见表 5-2。

表 5-2 长江口地貌演变模型加速因子设置

水动力模拟时间	水动力模拟时长(月)	加速因子	地貌时间尺度(月)	累积地貌时间(月)
第 1—2 月	2	6	12	12
第 3—11 月	9	12	108	120
第 12—17 月	6	20	120	240

5.2.2 动力条件概化技术

5.2.2.1 概化原则

在上节中提到,使用实时模型进行长期形态模拟会带来很大的计算工作量,因此引入加速因子。采用加速因子后,对于地貌过程而言,水动力过程在时间尺度上被"拉长",一个潮周期对应的地貌时间可能为数天甚至数月,显然不符合实际物理意义。因此,为了配合地貌加速技术,需要在模型中采用外海地貌代表潮、上游代表径流量来抓住引起地貌演变的核心过程——泥沙余输运。外海地貌代表潮的概化一般有两种方法,一种是采用若干特征潮汐组分来代替全部潮汐组分,以保证其相互作用的综合结果,另一种是选取具有代表性的1~2个潮周期作为代表潮,令选定的潮周期不断重复作为外海边界条件。径流的概化包括根据加速因子压缩中水年径流过程、采用洪枯季流量作为代表流量等方法。

5.2.2.2 代表潮概化方法的提出

通常,地貌代表潮的选取有两种常用的方法。第一种是从实际潮位过程中选取一个潮周期作为地貌代表潮,选取的原则是此潮周期对地形冲淤的贡献与一段时间(如1年)内平均冲淤变化一致。但此方法主要针对岸滩较为平整的海岸地区,由于采用地形冲淤平均值进行比较,所以对于河口或者潮汐汊道等滩槽交互、地形复杂的研究区域其适用性较差,选取的地貌代表潮常常无法反映出滩槽的特征。

另一种方法是对实际外海边界条件进行调和分析,保留对地貌演变产生影响的潮汐组分,在海岸、潮汐汊道或上游径流量很小的河口中,主要考虑潮汐不对称性引起的泥沙余输运,如 M_2 潮及其浅水分潮 M_4、M_6 潮,另外还有 M_2-O_1-K_1 与径流之间的相互作用。其中具有代表性的方法是由 Lesser 等提出的,他们通过床沙输运公式计算分析得到一个频率为 M_2 分潮一半的假想分潮 C_1,其振幅为 $(O_1 + K_1)/2$,相位为 $\sqrt{2 O_1 K_1}$。M_2 和 C_1 分潮相互作用引起的泥沙净输移效果与 M_2-O_1-K_1 的相互作用一致。但 Chu[76] 指出,在长江口等上游径流不可忽略的河口中,由于径流与外海潮汐的非线性作用,不存在单一的代表潮,因此提出新的方法,通过非线性分析可以得到在上游径流较大的条件下,外海 M_2,S_2,K_1,O_1 分潮与径流的相互作用对泥沙的净输运具有主要贡献,可以通过对模型外海边界条件进行调和分析后选取对地貌演变具有主要贡献的分潮作为地貌代表潮。

5.2.2.3 代表潮概化

采用绿华山潮位站的潮位资料作为长江口外海潮位的代表站点进行分析,2003 年到 2016 年潮位统计及分析见 1.3.3 节。统计结果表明,绿华山站潮位年际变化不大,多年平均潮差为 2.63 m,平均高潮位为 3.39 m,平均低潮位为

1.88 m。每个月之间平均潮差略有变化，其中 2 月、3 月较小，8—10 月较大，变化幅度约 10%。最大潮差在 1 月，8 月较大，5 月最小。多年潮位调和分析结果表明，根据振幅大小排序，主要分潮依次为 M_2、S_2、K_1、N_2、O_1、Sa、K_2。

前文中已提到，在河口地区，潮周期泥沙余输运的方向及变化情况决定了地貌演变的趋势。在以潮动力为主的河口系统中（径流量小），潮汐的不对称性是引起泥沙余输运的主要动力；而在径流不可忽略的河口系统中，径流与潮流的共同作用引起了泥沙的余输运[77]。因此，通过长江口水动力数学模型对深水航道治理工程建设前后的水动力进行模拟，对北槽、南槽区域测点进行调和分析，确定相互叠加作用下导致泥沙余输运的主要分潮。本书采用 GUO[78] 用解析解求解潮周期泥沙余输运的方法，他将此方法应用在长江口地区并做了相关分析对比，认为此方法在此适用。他采用了 Engelund and Hansen 泥沙输运公式，悬移质加推移质输沙量与流速 5 次方成正比：

$$S = S_s + S_b = \frac{0.05\,U^5}{\sqrt{g}\,C^3\,\Delta^2\,D_{50}} \tag{5-5}$$

式中：S_s 和 S_b 分别指悬移质输沙率和推移质输沙率，$m^3/(m \cdot s)$；U 是指流速，m/s；C 是指谢才系数；Δ 是指泥沙容重，kg/m^3；D_{50} 是指泥沙中值粒径，m。

任一测点的流速可以被分解为平均流速及不同分潮潮流流速的叠加，其形式如下：

$$U = -u_0 + u_{M_2}\cos(\omega_{M_2}t - \varphi_{M_2}) + u_{S_2}\cos(\omega_{S_2}t - \varphi_{S_2}) + u_{O_1}\cos(\omega_{O_1}t - \varphi_{O_1}) +$$
$$u_{K_1}\cos(\omega_{K_1}t - \varphi_{K_1}) + u_{M_4}\cos(\omega_{M_4}t - \varphi_{M_4}) + u_{MS_4}\cos(\omega_{MS_4}t - \varphi_{MS_4}) +$$
$$u_{MD_3}\cos(\omega_{MD_3}t - \varphi_{MD_3}) + u_{MK_3}\cos(\omega_{MK_3}t - \varphi_{MK_3}) + u_{MSf}\cos(\omega_{MSf}t - \varphi_{MSf}) \tag{5-6}$$

其中，u_0 是指平均流速，带有分潮下标的 u、ω、φ 分别指该分潮的流速、频率、相位。根据泥沙输运公式，泥沙输运与流速 5 次方成正比。一段时间 T 内的流速 5 次方的积分可以写成：

$$\langle U^5 \rangle = \int_0^T U^5 \mathrm{d}t / T \tag{5-7}$$

因此，潮平均流速带来的余输运 T_1：

$$T_1 = -u_0^5 \tag{5-8}$$

潮平均流速与分潮相互作用带来的余输运 T_2：

$$T_2 = -5u_0^3(u_{M_2}^2 + u_{S_2}^2 + u_{O_1}^2 + u_{K_1}^2) - \frac{15}{8}u_0(u_{M_2}^4 + u_{S_2}^4 + u_{O_1}^4 + u_{K_1}^4) -$$
$$\frac{15}{2}u_0\,u_{M_2}^2(u_{S_2}^2 + u_{O_1}^2 + u_{K_1}^2 + u_{M_4}^2) \tag{5-9}$$

M_2-M_4 分潮相互作用带来的余输运 T_3：

$$T_3 = \frac{15}{4}\left(\frac{1}{3}\,u_{M_2}^2 \cdot \frac{1}{2}\,u_{M_4}^2\right)u_{M_2}^2\,u_{M_4}\cos\left(2\,\varphi_{M_2} - \varphi_{M_4}\right) \qquad (5\text{-}10)$$

M_2-S_2-MS_4 分潮相互作用带来的余输运 T_4：

$$T_4 = \frac{15}{4}(u_{M_2}^2 + u_{S_2}^2 + u_{MS_4}^2)u_{M_2}\,u_{S_2}\,u_{MS_4}\cos(\varphi_{M_2} + \varphi_{S_2} - \varphi_{MS_4}) \quad (5\text{-}11)$$

M_2-S_2-MSf 分潮相互作用带来的余输运 T_5：

$$T_5 = \frac{15}{4}(u_{M_2}^2 + u_{S_2}^2 + u_{MSf}^2)u_{M_2}\,u_{S_2}\,u_{MSf}\cos(\varphi_{M_2} + \varphi_{MSf} - \varphi_{S_2}) \quad (5\text{-}12)$$

M_2-O_1-MO_3 分潮相互作用带来的余输运 T_6：

$$T_6 = \frac{15}{4}(u_{M_2}^2 + u_{O_1}^2 + u_{MO_3}^2)u_{M_2}\,u_{O_1}\,u_{MO_3}\cos(\varphi_{M_2} + \varphi_{O_1} - \varphi_{MO_3}) \quad (5\text{-}13)$$

M_2-K_1-MK_3 分潮相互作用带来的余输运 T_7：

$$T_7 = \frac{15}{4}(u_{M_2}^2 + u_{K_1}^2 + u_{MK_3}^2)u_{M_2}\,u_{O_1}\,u_{MK_3}\cos(\varphi_{M_2} + \varphi_{K_1} - \varphi_{MK_3}) \quad (5\text{-}14)$$

M_2-O_1-K_1 分潮相互作用带来的余输运 T_8：

$$T_8 = \frac{15}{4}(u_{M_2}^2 + u_{O_1}^2 + u_{K_1}^2 + u_{M_4}^2)u_{M_2}\,u_{O_1}\,u_{K_1}\cos(\varphi_{O_1} + \varphi_{K_1} - \varphi_{M_2})$$

$$(5\text{-}15)$$

总泥沙余输运 $T_{总}$：

$$T_{总} = T_1 + T_2 + T_3 + T_4 + T_5 + T_6 + T_7 + T_8 \qquad (5\text{-}16)$$

利用验证过的长江口水动力模型对相同水动力边界下工程前，深水航道一期工程、二期工程以及三期工程后的水动力进行模拟。在北槽中取 13 个测点 CS1—CS13，在南槽中取 15 个测点 NC1—NC15，对模拟结果的每个测点流速分别进行调和分析并计算不同组分的 T 值（$T_{1_{st}}$—$T_{8_{st}}$），st 为测站编号。随后，对南槽所有点的 $T_1 \sim T_8$ 及 $T_{总}$ 取平均值，得到 $\overline{T}_{1NC}$—$\overline{T}_{8NC}$ 以及 $\overline{T}_{总NC}$。计算不同 $\overline{T}_{NC}$ 在 $\overline{T}_{总NC}$ 中所占比例，结果如图 5-16 所示。同理，计算北槽测点中不同分潮组合导致潮周期泥沙余输运的比例，结果见图 5-17。由此可以看出，工程的建设对于不同 T 的比例有一定的影响作用，但起不到决定性作用。工程前后，T_2 在所有组分中占比最大，且超过 100%。T_2 是指潮平均流速与分潮相互作用带来的余输运，其输运方向指向下游。其次是 T_3、T_4，T_3 是 M_2-M_4 分潮相互作用带来的余输运，T_4 是 M_2-S_2-MS_4 分潮相互作用带来的余输运，它们的方向与 $T2$ 相反，说明 M_2-M_4 分潮相互作用、M_2-S_2-MS_4 分潮相互作用导致的泥沙余输运方向指向上游。T_5 是 M_2-S_2-MSf 分潮相互作用带来的余输运，占比约 8%，方向与 T_2 一致。其他组分，即 T_1、T_6、T_7、T_8 在南北槽中占比均不到 1%。洪季的计算结果与枯季趋势一致，由于洪季上游径流更大，因此 T_2 在 $T_总$ 中占的比例更大。

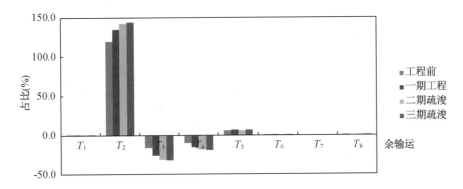

图 5-16　南槽测点枯季不同分潮组合导致潮周期泥沙余输运比例图

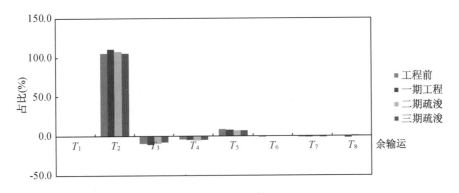

图 5-17　北槽测点枯季不同分潮组合导致潮周期泥沙余输运比例图

　　根据结果分析可以确定，由于长江口上游径流量相对较大，潮平均流速与分潮 M_2、S_2、K_1、O_1、M_4 相互作用带来的泥沙余输运最大，其次是 M_2、M_4、S_2、MS_4、MSf 之间相互作用产生的泥沙余输运，其他分潮带来的泥沙余输运很小，可以忽略不计。同时根据绿华山潮位站多年调和分析结果，由于 MSf 分潮振幅很小，在此可以忽略不计；M_4 是 M_2 的浅水分潮，MS_4 是 M_2 和 S_2 在传播过程中相互作用叠加形成的，在外海中可以不考虑，因此可以选取 M_2、S_2、K_1、O_1 为外海代表潮。通过对模型外海各边界水位过程进行调和分析，将 M_2、S_2、K_1、O_1 各分潮的振幅、相位作为外海输入条件，亦作为地貌代表潮。外海 13 个边界点的参数如表 5-3 所示,本模型记为方案 MF 1。

表 5-3　采用地貌代表潮分析方法所得外海边界条件

边界点	振幅(m)				相位(°)			
	M_2	S_2	K_1	O_1	M_2	S_2	K_1	O_1
1	1.31	0.50	0.18	0.11	241.03	9.31	153.08	38.09
2	1.35	0.49	0.17	0.10	231.05	352.97	160.58	50.52
3	1.24	0.48	0.16	0.09	221.25	337.37	171.64	69.36
4	1.15	0.43	0.16	0.10	209.72	320.97	180.81	85.30
5	1.29	0.47	0.19	0.12	203.21	311.82	181.46	84.98
6	1.37	0.50	0.20	0.13	197.77	305.01	182.66	85.11
7	1.31	0.52	0.22	0.14	192.75	299.67	184.62	86.15
8	1.31	0.52	0.23	0.15	186.23	293.15	187.43	88.11
9	1.39	0.52	0.25	0.16	179.85	287.28	190.38	90.19
10	1.38	0.51	0.26	0.17	190.19	296.42	187.36	86.33
11	1.38	0.50	0.26	0.16	215.99	322.97	185.39	82.65
12	1.77	0.56	0.25	0.16	237.86	350.23	189.28	84.42
13	1.92	0.60	0.26	0.16	240.56	354.90	188.49	82.57

采用验证过的 2016 年模型作为基准模型,本模型除外海潮位外其他参数均与基准模型一致。上游径流采用实测流量。模型计算时间为 1 年。因为本章关心的是长江口南北槽内地貌演变情况,因此在外海地貌代表潮的概化过程中重点关注南北槽典型断面的泥沙净输运。选取南北槽各 7 个断面,共 14 个断面进行比较。

比较方案 MF-1 与基准模型的典型断面净输沙量,方案 MF-1 计算结果与基准模型的计算结果吻合度较好,因此在外海边界中给定 M_2、S_2、K_1、O_1 可以作为地貌代表潮。但此方法的缺点是由于概化的地貌代表潮仍然存在大小潮,每半个月为一个完整潮周期,因此在进行地貌演变模拟时,水动力时间必须为半个月的整数倍以保证地貌代表潮的代表性。

5.2.2.4　代表径流概化

在上游径流量较大的河口中,例如长江口,径流的大小对泥沙的输运及地貌的塑造有着重要的作用。但在中长期地貌演变模拟中,与外海潮位过程类似,选择加速因子后若采用原有径流过程,则地貌时间尺度对应的水动力过程被拉长,不符合地貌动力的物理意义且模拟效果不佳,因此需要选择代表流量。通常根据径流实测资料,选择一个中水年作为代表;然后根据地貌加速因子的大小压缩这一实际的年径流过程至相应天数[78]。这样做的好处是可以避免年内洪水时间偏长、其间地貌变化被地貌加速因子放大太多而改变整体地貌格局;其不利因素是限制了地貌加速因子的选择,因为太大的地貌加速因子会导致年径流过程压缩太短而引起洪水波的负面效果。Van der Wegen等[33]考虑把年径流过程分成洪季和枯季 2 个过程,洪、枯季各用一个中等的均匀流量表示。Ganju 等[79]也认识到径流过程和地貌加速因子同时使用时产生的问题,其解决思路是选择洪水、中水和枯水 3 种典型年径流过程,最后的地貌变化由 3 种情况综合得到。

对三峡建成后大通站日流量过程进行统计,详见第四章。对上游径流概化的模型采用 3 种方案:方案 D1 选取上游大通站多年平均流量,根据大通站 2003—2016 年日均流量进行计算,计算得出多年平均流量为 27 300 m³/s;方案 D2 对流量过程进行频率分析,可得频率为 75% 的流量为 15 900 m³/s,频率为 50% 的流量为 23 800 m³/s,频率为 25% 的流量为 37 900 m³/s,选择这 3 种流量作为枯、中、洪 3 个径流过程,根据相应的加速因子,保证洪、中、枯流量过程循环对应的地貌时间为 1 年;方案(D3)对每年 5—10 月,11—来年 4 月的大通站流量进行分析,可得洪季多年平均流量为 36 824 m³/s,枯季多年平均流量为 17 599 m³/s,选择这 2 个流量作为洪、枯径流过程,同样根据相应的加速因子,保证洪、枯流量过程循环对应的地貌时间为 1 年。外海边界条件采用概化后的地貌代表潮,其他参数设置与基准模型一致。结果表明,长期模拟中不同径流方案的设置对南北槽冲淤总量没有显著影响,但过程中不同方案的冲淤变化的幅度不一样。为了更好地模拟冲淤过程,本章选择洪、中、枯季交替径流量作为代表径流量。

5.3　地形冲淤演变验证

5.3.1　冲淤分布对比

模型采用了概化的外海及上游动力条件,其他设置与水沙验证模型一致。首先采用 2002—2011 年地形对长江口南北槽地区进行地形冲淤的后报检验,模型模拟结果见图 5-18,实测地形冲淤分布见图 5-19。模拟结果显示,模型成功模拟出北槽深水航道治理工程中坝田区淤积、航槽冲刷的冲淤分布情况。对于南槽,实测资料中上段冲刷、下段淤积的特征也在模拟结果中有所体现。同时,江亚南沙向下淤积以及南汇东滩淤积都在模拟结果中有所体现。

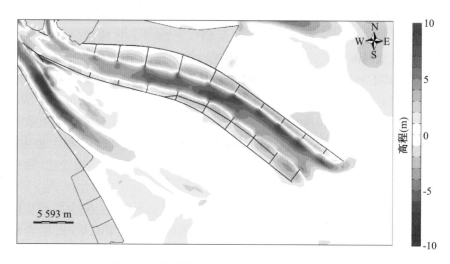

图 5-18　数学模拟 2002—2011 年冲淤演变图

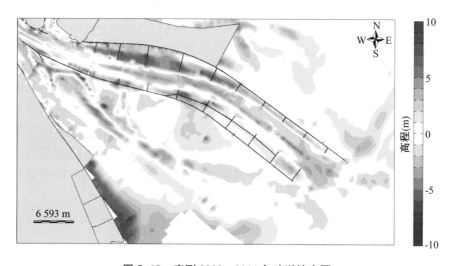

图 5-19　实测 2002—2011 年冲淤演变图

对比实测冲淤分布与模拟结果可以看出，北槽深水航道治理工程内坝田间的淤积厚度小于实测值，但冲刷深度大于实测值。根据前文分析，双导堤和丁坝群的修建增强了北槽主槽以及南槽入口段的泥沙余输运，导致冲刷加强，这个趋势在模拟结果中得到了体现。但由于 2002—2011 年期间双导堤和丁坝群的建设过程无法在模型中体现，所以导致实测北槽的主槽冲刷量小于模拟值。同时在实际施工过程中疏浚泥会向坝田中抛泥，也会导致坝田区淤积量增加，导致实测值大于模拟值。

5.3.2　冲淤量对比

在南北槽中选取了北槽上、下以及南槽上、中、下段分别统计 2002—2011 年实测冲淤量和数学模型模拟冲淤量,北槽上加北槽下即为北槽段,南槽上、中、下段相加即为南槽段,统计范围见图 5-20,冲淤量统计见图 5-21。由此可以看出,北槽上区域模拟的冲刷量大于实测值,淤积量小于实测值,导致北槽上实测净冲淤为正,即以淤积为主,但是其模拟结果为负,以冲刷为主,具体原因在前一节已进行分析。北槽下区域模拟淤积量与实测值几乎相同,冲刷量大于实测值,净冲淤量都是负值,表示北槽下区域整体冲刷,实测与模拟结果一致。对于整个北槽区域,模拟的冲刷量大于实测值,淤积量小于实测值。南槽上区域中,模拟的冲刷量大于实测值,淤积量与实测值几乎相同。南槽中区域模拟的冲刷量、淤积量与实测值几乎相同。模拟结果中南槽下冲刷量略小于实测值,淤积量大于实测值。对于整个南槽区域,模拟结果的冲刷量和淤积量均略大于实测值,但整体冲淤趋势一致。

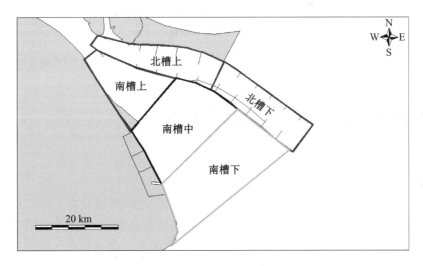

图 5-20　冲淤量统计范围

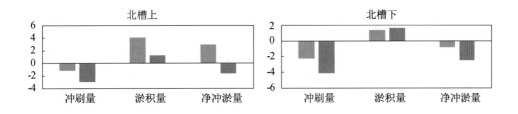

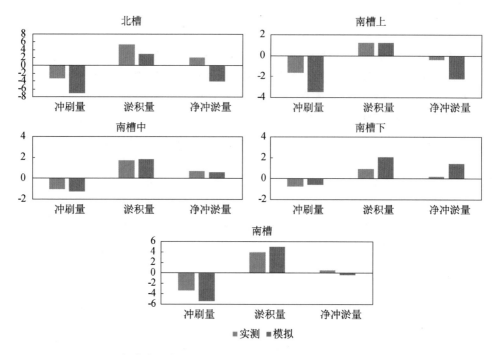

图 5-21　各统计区域 2002—2011 年实测冲淤量统计图(单位: ×10⁸ m³)

5.4　2016—2056 年地貌演变预测模拟

5.4.1　预测模拟动力条件的选取

根据第四章中长江口来水来沙以及外海条件分析,径流量在三峡建成后三峡水库的调节作用下年际变化幅度不明显。来沙量自 1950 年至今有明显下降趋势,但三峡建成后来沙量年际变化明显但没有明显下降的趋势。外海平均海平面根据绿华山站资料显示略有上升,但是上升幅度较小。

在预测模型中,为了简化计算条件,以分析北槽深水航道治理工程对南北槽未来地貌演变趋势的影响,动力边界条件仍采用前文中概化的动力条件。上游水动力边界条件采用与验证模型一致的概化径流条件,即洪、中、枯季交替,流量分别为 37 900 m³/s、23 800 m³/s、15 900 m³/s。外海采用概化后的地貌代表潮,即 M_2、S_2、K_1、O_1 共 4 个分潮。初始地形采用 2016 年地形。其他条件与验证模型保持一致。

5.4.2　南北槽未来冲淤分布模拟结果

5.4.2.1　冲淤分布特征

长江口南北槽 40 年地貌演变预测(2016—2056 年)冲淤分布见图 5-22，它分别给出模拟时间为 5 年、10 年、20 年、30 年、40 年的地形冲淤分布。就整体而言，北槽未来冲淤速度减缓，冲淤分布仍将持续现有状态，主槽内冲刷，坝田内淤积；南槽未来呈现上冲下淤的冲淤格局，江亚北槽、九段沙区域冲淤演变幅度较大。

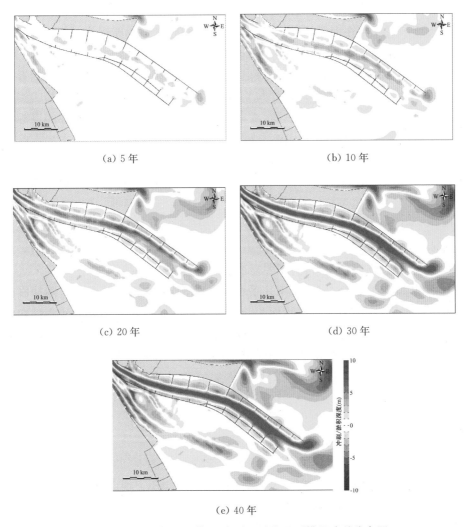

(a) 5 年　　　　　　　　　　(b) 10 年

(c) 20 年　　　　　　　　　　(d) 30 年

(e) 40 年

图 5-22　长江口南北槽 40 年地貌演变预测模拟冲淤分布图

（1）未来 40 年北槽冲淤变化

从分时段来看，5 年内北槽深水航道转弯处存在少量冲刷，冲刷深度为 1～2 m，北导堤末端存在冲刷。10 年冲淤分布较 5 年有明显发展，北侧坝田内发生淤积，最大淤积深 2 m；主槽内冲刷，下段冲刷面积大于上端，北侧冲刷深度大于南侧；进口段无冲淤变化。20 年冲淤与 10 年冲淤趋势一致，主槽冲刷深度有所增加，最大冲刷深度约 4 m；北侧坝田持续淤积，同时南侧坝田也存在淤积，但淤积强度小于北侧坝田；与 10 年冲淤分布不同的是，北槽进口段呈现冲刷态势。30 年北槽冲淤分布与 20 年相比没有显著变化，但冲淤强度有所增加，北槽主槽内冲刷深度变得均匀，主槽大部分冲刷深度在 5 m 左右；淤积强度持续增加，最大淤积厚度仍发生在南侧坝田内，达到 6 m。40 年北槽冲淤分布、冲淤量与 30 年相比几乎相同，说明北槽在 30—40 年期间达到平衡状态。

值得注意的是，北槽双导堤外海出口处从 10 年模拟结果可以看到开始存在淤积，泥沙主要来自上游下泄泥沙与北槽冲刷泥沙，经过 40 年发展，其最大淤积厚度可达 4 m，影响了航道的畅通，需要引起重视。另外，南导堤尾部的局部冲刷现象有可能导致导堤局部失稳，后期维护中需要重点关注。

（2）未来 40 年南槽冲淤变化

南槽 5 年模拟结果显示，南槽进口处与上段冲刷，其他位置无明显冲淤变化。由 10 年模拟结果可以看出，南槽上段冲刷深度略有增加，冲刷带向下游扩展；南槽下段出现淤积，淤积厚度为 1～2 m；江亚北槽出现淤积，九段沙南侧出现冲刷。20 年南槽冲淤分布将持续 10 年的冲淤分布特征，上冲下淤的趋势没有改变，但冲淤强度较 10 年有了明显增加。

南槽 30 年冲淤分布与 40 年几乎相同，南槽上段冲刷与九段沙南侧冲刷已连成一条冲刷带，南槽下段淤积面积与强度没有明显变化。江亚南沙头部在南线堤头南侧的滩面窜沟没有显著发育，江亚北槽没有明显刷深，但九段沙南侧冲刷与江亚北槽相连，南槽形成新的汊道，对航道维护不利。同时，九段沙尾部存在淤积，九段沙沙体有缓慢向东南方向发展的趋势，同样会影响南槽的滩槽格局，需引起重视。

5.4.2.2　等深线变化

（1）−5 m 等深线变化

长江口南北槽 40 年模拟结果的−5 m 等深线见图 5-23。北槽−5 m 等深线变化较小，初始地形（2016 年）中，北槽北侧上段（N5 丁坝以上）−5 m 等深线几乎与丁坝前沿线重叠，南侧下段由于坝田淤积，−5 m 等深线向航槽内凸出。北槽上段−5 m 等深线与初始地形等深线重叠，下段由于受到航槽冲刷的影响，−5 m 等深线向导堤方向移动。

南槽−5 m 等深线变化较北槽明显，江亚北槽−5 m 等深线贯通，江亚南沙尾部发生冲刷,九段沙南侧发生冲刷。

分流口处−5 m等深线向上游发展,等深线顶部与导流丁坝坝头处于同一位置。

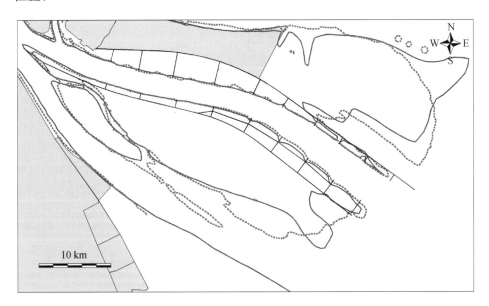

图5-23 长江口南北槽−5 m等深线(虚线为初始地形,红色实线为模拟40年后地形)

(2) −8 m等深线变化

长江口南北槽40年模拟结果的−8 m等深线见图5-24。北槽−8 m等深

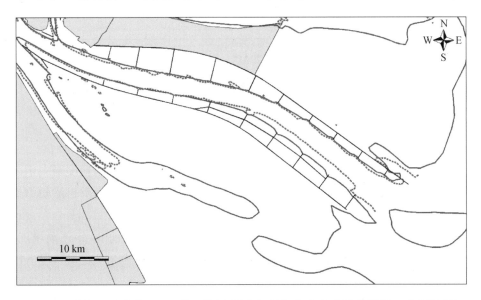

图5-24 长江口南北槽−8 m等深线(虚线为初始地形,红色实线为模拟40年后地形)

线的变化趋势与－5 m等深线一致,北槽上段没有明显变化,下段－8 m等深线向导堤方向移动。导堤下游外海处新增一处－8 m等深线淤积体,与前文分析一致,不利于航道的畅通。

南槽－8 m等深线向下游发展,外海－8 m等深线向上游发展,改变了现有南槽航道格局,未来维护中需引起重视。

5.4.2.3 冲淤量统计

北槽区域冲淤量随时间变化线见图5-25,北槽上段、下段的冲刷量均大于淤积量,整体冲淤量为负。

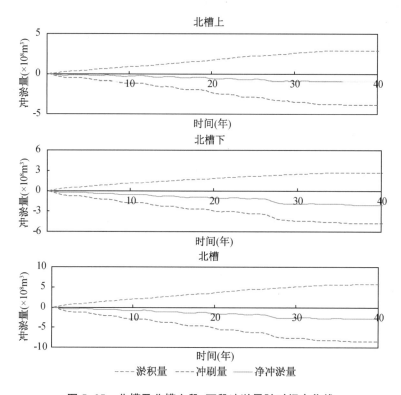

图 5-25 北槽及北槽上段、下段冲淤量随时间变化线

北槽上段淤积量与冲刷量在前30年内逐渐增加,冲刷量增长速度略大于淤积量,因此前30年北槽上段整体冲淤量为负值。30年后冲刷量、淤积量趋于稳定,稳定后净冲淤量约为－0.95亿 m³。

北槽下段的冲刷量和淤积量发展趋势与北槽上段类似,前30年逐渐增加,30年后趋于稳定。北槽下段稳定后冲刷量与上段接近,约为2.7亿 m³;但下段淤积量小于上段,因此净冲淤量大于北槽上段,为－2亿 m³。

南槽上、中、下段冲淤量随时间变化线见图5-26。整体而言,南槽各段的淤积量均大于冲刷量,净冲淤量为正。

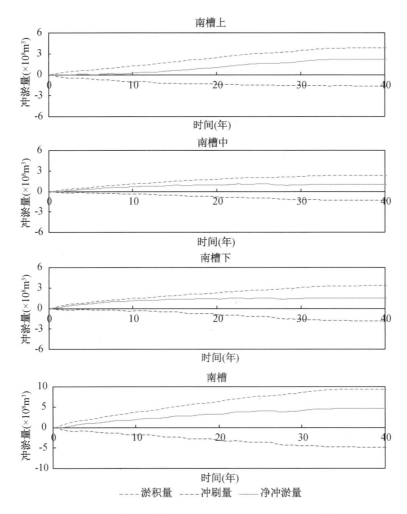

图 5-26　南槽及南槽上段、中段、下段冲淤量随时间变化线

南槽上段淤积主要来自江亚南沙附近,冲刷主要来自主槽。前 20 年冲刷量增加,20 年后冲刷量基本稳定在 1.4 亿 m^3,前 30 年淤积量逐渐增长,30—40 年趋于稳定。淤积量增长速度大于冲刷量,因此净冲淤量在前 30 年为正,且逐渐增加,30—40 年趋于稳定。

南槽中段,冲刷量、淤积量均较小,前 30 年增长,30—40 年期间趋于稳定。20 年后冲刷量、淤积量的增长速度几乎一致,因此净冲淤量在 20 年后基本稳定,约为 1 亿 m^3。

南槽下段冲淤变化趋势与南槽中段相同,但冲淤量大于南槽中段,稳定后净冲淤量大于南槽中段,约为 1.4 亿 m^3。

北槽及北槽上、下段 40 年冲淤量对比见图 5-27,由此可以看出,北槽上段与下段 40 年模拟的淤积量几乎相同,但下段的冲刷量大于上段。北槽净冲淤量为负值,整体以冲刷为主,下段的净冲淤量大于上段。

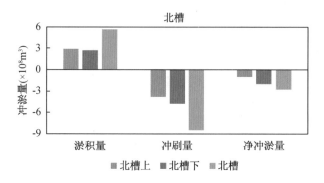

图 5-27　北槽及北槽上段、下段 40 年冲淤量对比

南槽及南槽上、中、下段 40 年净冲淤量对比见图 5-28。由此可以看出,南槽淤积量中段最小,上段最大。冲刷量中段最小,上、下段冲刷量几乎相同。南槽净冲淤量为正,以淤积为主,中段整体淤积量最小,上段最大。

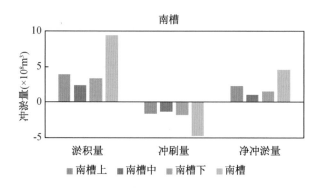

图 5-28　南槽及南槽上段、中段、下段 40 年冲淤量对比

5.4.2.4　北槽主槽容积变化

北槽主槽容积的变化关系着深水航道未来的维护与发展,因此对北槽未来 40 年容积进行统计,见表 5-4。−5 m 等深线以下容积从初始地形的 6.05 亿 m³ 逐渐增加,40 年后增加至 6.98 亿 m³,增加了 0.93 亿 m³。−8 m 等深线以下容积从初始地形的 2.21 亿 m³ 逐渐增加,40 年后增加至 2.94 亿 m³,增加了 0.73 亿 m³,增加量小于−5 m 等深线下容积。

表 5-4 北槽主槽容积

等深线	河槽容积(×10⁸ m³)					
	初始	5 年	10 年	20 年	30 年	40 年
−5 m 以下	6.05	6.23	6.39	6.67	6.93	6.98
−8 m 以下	2.21	2.36	2.47	2.71	2.91	2.94

从北槽主槽容积变化率(表 5-5)可以看出,对于 −5 m 等深线和 −8 m 等深线,前 5 年河槽容积年平均变化量最大,随着时间的发展,变化率逐渐减小,尤其在 30—40 年期间,变化率不足前 5 年的 1/7。

表 5-5 北槽主槽容积变化率

等深线	河槽容积变化率(×10⁶ m³/a)				
	0—5 年	5—10 年	10—20 年	20—30 年	30—40 年
−5 m 以下	3.70	3.02	2.83	2.56	0.53
−8 m 以下	2.96	2.28	2.42	1.92	0.35

5.5 讨论

5.5.1 未来分流比变化特征

根据第四章分析,径流量与工程段内的冲淤量有明显的线性关系。在实际分汊河口中,工程一汊的径流量由上游来水量和分流比共同决定,因此通过数学模型结果对南北槽落潮分流比的变化趋势进行分析。

南北槽落潮分流比随时间变化见图 5-29。目前北槽落潮分流比在 40%~45% 之间波动,模型在初始地形状态下北槽落潮分流比约为 42.5%,随模拟时间的增加,北槽分流比略有上升,至 30 年北槽落潮分流比增至约 48%,30—40

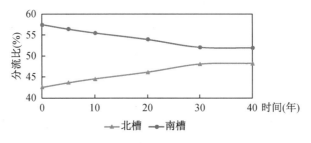

图 5-29 未来 40 年南北槽落潮分流比变化趋势图

年期间分流比变化不明显,北槽增加至 48.15%。未来 40 年模型中南槽落潮分流比从 57.45% 下降至 51.85%。

南北槽落潮分沙比随时间变化见图 5-30,目前北槽落潮分沙比为 35.25%,数学模型模拟 40 年后上升至 42.26%;南槽落潮分沙比由 64.75% 下降至 57.74%。

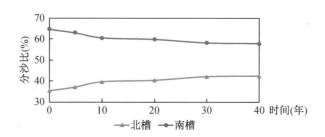

图 5-30   未来 40 年南北槽落潮分沙比变化趋势图

因此,未来南槽落潮分流分沙比有逐渐与北槽相等的趋势。这是由于工程实施后,根据上文对地貌演变的分析,北槽进口处冲刷,北槽刷深,减小了北槽因为双导堤及丁坝群工程增加的阻力,增加了北槽分流分沙比。

表 5-6   南北槽分流分沙比变化

时间(年)	北槽分流比(%)	南槽分流比(%)	北槽分沙比(%)	南槽分沙比(%)
0	42.55	57.45	35.25	64.75
5	43.63	56.37	37.03	62.97
10	44.54	55.46	39.52	60.48
20	46.11	53.89	40.26	59.74
30	47.99	52.01	41.95	58.05
40	48.15	51.85	42.26	57.74

5.5.2   未来北槽潮波变形特征

根据第三章分析,整治工程导致工程—汊潮波变形及不对称性加剧,而潮波不对称性以及径潮流的非线性作用又直接影响泥沙的余输运,决定了河口长周期地貌演变趋势。

在长江口潮波系统中,M_2 分潮是最主要分潮,在此采用 3.2.3.3 小节中潮波不对称方法对北槽现状以及 40 年地貌演变后的 M_2 与 M_4 分潮进行分析。

以北槽进口为观测起点,双导堤下游外海处为终点,共设置 12 个观测点,按照起点距进行排列,潮波特征变化见图 5-31。由此可以看出,在现状地形条件下，M_2 潮位分潮振幅 a_{M_2} 与 M_2 潮流分潮振幅 v_{M_2} 在工程段内整体从外海向上游减小，a_{M_4} 与 v_{M_4} 在工程段内整体从外海向上游增加，这与第三章概化模型分析一致。经过 40 年地貌演变模拟，a_{M_2} 与 v_{M_2} 有所增加，这是由于北槽主槽在 40 年内被刷深，减小了航道沿程阻力，有利于 M_2 分潮向上游传播。a_{M_4} 与 v_{M_4} 在 40 年后有所减小，这是因为更少的 M_2 分潮在摩擦等非线性作用下转变为 M_4 分潮。

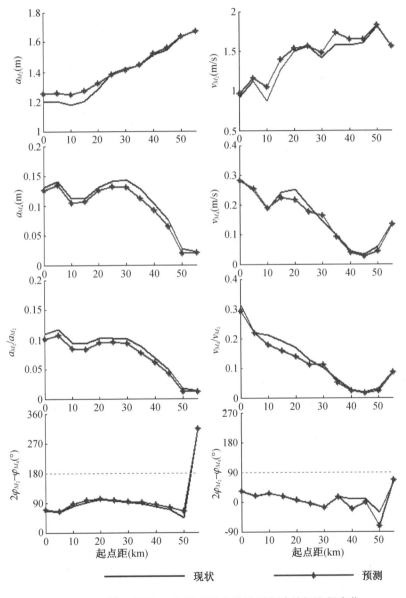

图 5-31　北槽现状及 40 年地貌演变模拟后潮波特征沿程变化

潮波变形特征通过 a_{M_4}/a_{M_2} 与 v_{M_4}/v_{M_2} 来反映。由此可以看出，a_{M_2} 与 v_{M_2} 增加，a_{M_4} 与 v_{M_4} 减小，因此潮位与潮流的变形均减小。同时，通过 M_2 分潮与 M_4 分潮的相位差可以看出，M_2 与 M_4 分潮的相互作用引起的是涨潮优势流，并且 40 年地形冲淤演变后此状态没有发生改变。因此，由 M_2、M_4 分潮作用引起的泥沙余输运方向没有改变，但是输运强度在 40 年地貌演变后有所减小。

5.5.3 与基于最小活动假说的河床形态预测对比

2.4.5 节讨论了整治工程约束下河床形态公式在长江口南北槽中的应用。现就数学模型对南北槽河床形态的预测与河床形态公式进行对比。

选取了南北槽典型断面，断面位置见图 2-7。北槽典型断面变化见图 5-32，由此可以看出，北槽断面呈主槽冲刷、坝田淤积的特征，同时主槽宽度在减小，与前文分析一致。30—40 年期间变化不大，可以认为其达到平衡状态。就 4 个典型断面而言，北槽主槽最大深度在 BC3 断面，约 20 m，略小于河床形态公式预测的最大水深 22 m；平衡时间约为 40 年，小于河床形态公式求得的 59 年。

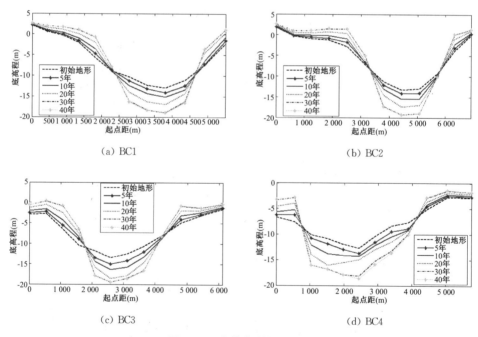

图 5-32 北槽典型断面变化

南槽典型断面变化见图 5-33，由此可以看出南槽在 40 年地貌演变模拟中 NC1、NC2 断面较为稳定，另外 2 个断面变化较大，其中 NC3 断面变为 V 形，NC4 断面河槽发生明显摆动。最大水深发生在 NC3 断面，约 15 m，大于河床形态公式预测的最大深度 9.96 m。公式预测的平均水深 7.9 m 与数学模型结果较为接近。平衡时间为 40 年,小于公式预测的平衡时间 53 年。

综上所述,在地貌演变数学模型与工程约束下的河床形态公式的预测结果中,平均水深较为接近,最大水深有所差异。公式预测的平衡时间大于数学模型计算的平衡时间。公式主要采用平均值的概念,不考虑断面形态的调整与河道位置的变化;同时,本书提出的整治工程约束下的河床形态公式做了宽度不变的假定,但在实际河床中,整治工程约束了河床的最大河宽,但不能约束河宽变窄。因此,整治工程约束下基于最小活动假说的河床形态公式在量级上与数学模型一致,但仍有不足之处,需要在未来的研究中逐步改进。

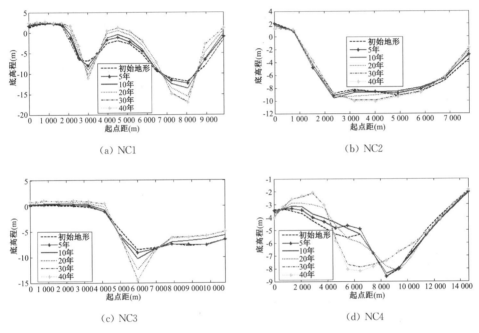

(a) NC1

(b) NC2

(c) NC3

(d) NC4

图 5-33　南槽典型断面变化

5.6　本章小结

本章建立了 Delft 3D 平面二维水-沙-地貌演变数学模型,从随时间变化的加速因子的提出与应用、基于断面潮周期泥沙余输运法确定的外海地貌代表潮 2 个方面提高了工程约束下河口中长期地貌模拟技术;通过验证的数学模型对长江口南北槽未来 40 年的地貌演变进行了模拟与分析。

(1)通过模型试验建立了加速因子与单步长内地形冲淤变化高度的关系,为加速因子的选择提供理论依据。在此基础上,根据工程作用下河口地貌先快速变化随后趋于稳定的冲淤演变特征,提出了采用随时间变化的加速因子,在同样模拟精度前提下比通常采用的均一加速因子节省时间。

（2）概化分汊河口动力-工程-地貌影响研究表明，外海分潮组合与潮差对整治工程约束下河口河床形态起决定性作用，通过断面潮周期泥沙余输运法确定了外海地貌代表潮，认为 K_1、O_1、M_2、S_2 分潮对长江口南北槽地貌演变起主要作用，选取此 4 个分潮作为外海地貌代表潮型。

（3）采用 3 种方法对上游径流进行分析概化，分别得到 3 种概化流量：多年平均径流量、洪枯季交替变化流量过程、洪中枯季交替变化流量过程。地貌演变模拟结果显示，这 3 种代表径流下冲淤量不存在显著差异，与实测结果相比，洪中枯季交替变化流量过程更具有代表性。

（4）对 2002—2011 年地貌演变进行后报检验，检验结果表明，数学模型基本可以反映南北槽冲淤演变趋势。对 2016 年后未来 40 年长江口南北槽区域进行地貌演变预测，结果显示北槽未来冲淤速度减缓，冲淤分布仍将持续现有状态，主槽内冲刷，坝田内淤积。南槽未来呈现上冲下淤的冲淤格局，江亚北槽、九段沙区域冲淤演变幅度较大，对南槽航道维护不利。

（5）从分流分沙比、北槽潮波变形以及基于最小活动假说的河床形态公式 3 个方面对模拟结果进行了讨论。未来北槽分流分沙比增大，但仍小于南槽；北槽由于主槽冲刷，未来潮波变形将减小，由 M_2、M_4 分潮作用引起的泥沙余输运方向没有改变，但是输运强度在 40 年地貌演变后有所减小；整治工程约束下基于最小活动假说的河床形态公式对于南北槽平衡断面水深的预测结果在量级上与数学模型一致，作为数学模型的补充可以对河口河床形态进行预测，但此方法没有考虑河势调整、工程约束下河宽逐渐变窄等因素，需要在未来进一步深入研究。

第六章

结论

　　本书以潮汐分汊河口为研究对象，重点探明工程与分汊河口水、沙及地貌动力的相互影响关系，对工程影响下河口的平衡态进行探究，以长江口南北槽为例利用数学模型实现工程影响下 40 年地貌演变预测。主要结论如下。

　　(1) 深水航道治理工程的建成对南北槽分流比分沙比以及南北槽河床冲淤演变具有显著影响。随着工程的建设，北槽落潮分流比由建设初期的 63%（1998 年）下降至 42%～44%，分沙比由工程前的 50% 左右下降至工程后的 30%～40%。北槽在深水航道治理工程实施后经历了快速调整阶段与自适应阶段，目前呈现主槽缓慢冲刷、容积扩大，坝田区缓慢淤积、容积减小的变化特征。北槽深水航道治理工程对南槽及南槽周边区域的冲淤演变具有显著的影响，南槽在航道建成初期呈现上冲下淤的状态，目前整体处于微冲状态；南槽周边江亚北槽先淤缩后发展，在江亚南沙和九段沙之间形成一冲刷槽，九段沙南缘及南汇东滩促淤圈围工程外侧河床冲刷明显。

　　(2) 提出了基于最小活动假说的适用于工程约束的河床形态公式。已有的最小活动假说的河床形态关系式是利用宽深比作为河床的活动性指标之一，但在工程约束作用下原有的宽深比已不适合作为活动性指标。因此，通过改进原有关系式，提出了适用于工程约束下基于最小活动假说的河床形态公式。与数学模型结果对比表明，在受工程约束的河道或河口区，新公式与数学模型的吻合度更高。将新公式应用到长江口南北槽，对河床平衡水深以及平衡时间进行了预测。

　　(3) 根据长江口南北槽特征，采用 Delft 3D 软件建立了概化潮汐分汊河口数学模型，据此分析了分汊河口—汊整治工程（包括双导堤、丁坝、疏浚工程）前后水动力、泥沙输运的变化，并对工程约束下分汊河口地貌演变主控动力因子进行分析。结果显示，分汊河口—汊整治工程导致工程汊分流分沙比减小，无工程汊分流分沙比增加。同时，工程影响下的河口潮波变形及不对称性均较无工程方案有所增强。无外海潮汐作用时，径流主要引起河道冲刷与河口淤积；M_2 分潮振幅对滩槽的冲淤起着重要作用；在无工程作用方案中，其振幅与河口冲淤量成正比；工程实施后，M_2 分潮振幅的增人在短期内增加了坝田淤积与航槽的冲刷，在中长期地貌演变（40 年）中增加了双导堤内的淤积量。在径潮流共同作用下，河口区整体冲淤量大于只有径流或只有潮流作用下冲淤量的线性叠加。工程实施后，除了极大流量外，工程段内冲淤量主要受外海潮汐作用的影响，潮汐导致的冲淤量占总冲淤量的 90% 以上，潮差越大，淤积量越大。对于一汊整治工程影响下的非工程一汊，除了 M_2 分潮振幅较小（0.68 m）或上游极大流量（径流为 100 000 m^3/s）情况下工程后淤积量有所增加外，其余所有方案下淤积量均有所减小。

（4）建立了长江口平面二维水-沙-地貌演变数学模型，从随时间变化的加速因子的提出与应用、基于断面潮周期泥沙余输运法确定的外海地貌代表潮两个方面，提高了工程约束下河口中长期地貌模拟技术水平。首先，通过数学模型试验建立了加速因子与单步长内地形冲淤变化高度的关系；同时，根据工程作用下河口地貌先快速变化随后趋于稳定的冲淤演变特征，采用了随时间变化的加速因子，在同样模拟精度前提下它比通常采用的均一加速因子显著节省了计算时间。通过断面潮周期泥沙余输运法确定了外海地貌代表潮，认为 K_1、O_1、M_2、S_2 分潮对长江口南北槽地貌演变具有较大影响，此 4 个分潮可作为外海地貌代表潮型。

（5）在水动力、含沙量验证的基础上，对 2002—2011 年地貌演变进行后报检验，数学模型基本可以反映南北槽冲淤演变趋势。对 2016 年后未来 40 年长江口南北槽区域进行地貌演变预测，结果显示，北槽未来冲淤速度减缓，冲淤分布仍将持续现有状态，主槽内冲刷，坝田内淤积。南槽未来呈现上冲下淤的冲淤格局，江亚北槽、九段沙区域冲淤演变幅度较大，对南槽航道维护不利。从分流分沙比、北槽潮波变形以及基于最小活动假说的河床形态公式 3 个方面对模拟结果进行了讨论。未来北槽分流分沙比增大，但仍小于南槽；对于北槽，由于主槽冲刷，未来潮波变形将减小，由 M_2、M_4 分潮作用引起的泥沙余输运方向没有改变，但是输运强度在 40 年地貌演变后有所减小。

参考文献

［1］Syvitski J P M，Saito Y. Morphodynamics of deltas under the influence ofhumans［J］. Global & Planetary Change，2007，57(3)：261-282.

［2］Schutte C A，Ahmerkamp S，Wu C S，et al. Biogeochemical Dynamics of Coastal Tidal Flats［M］//Perillo G M E，Wolanski E，Cahoon D，et al. Coastal Wetlands：An Integrated Ecosystem Approach. 2nd ed. Elsevier，2019：407-440.

［3］Syvitski J P M，Kettner A J，Overeem I，et al. Sinking deltas due to human activities ［J］. Nature Geoscience，2008，2(10)：681-686.

［4］Swart H E D，Zimmerman J T F. Morphodynamics of Tidal Inlet Systems［J］. Annual Review of Fluid Mechanics，2009，41(1)：203-229.

［5］Galloway W E. Process framework for describing the morphologic and stratigraphic evolution of deltaic depositional system［M］//Broussard M L. Deltas：model for exploration. Houston：Houston Geological Society，1975：87-98.

［6］金元欢，沈焕庭.分汊河口形成的基本条件［J］.海洋湖沼通报，1991(4)：1-9.

［7］孙志林，金元欢.分汊河口的形成机理［J］.水科学进展，1996,7(2)：144-150.

［8］Brice J C. Stream channel stability assessment［R］. United States：Federal Highway Administration，1982.

［9］金元欢.河口分汊的定量表达及其基本模式［J］.地理学报，1990,45(1)：56-67.

［10］孙志林，杨仲韬，高运，等.长江分汊河口水力几何形态［J］.浙江大学学报(工学版)，2014,48(12)：2266-2270.

［11］倪晋仁，张仁.河相关系研究的各种方法及其间关系［J］.地理学报，1992(04)：368-375.

［12］黄克中，钟恩清.最小水流能量损失率理论在河相关系中的应用［J］.地理学报，1991(02)：178-185.

［13］窦国仁.平原冲积河流及潮汐河口的河床形态［J］.水利学报，1964(2)：1-13.

［14］侯庆志，陆永军，王建，等.河口与海岸滩涂动力地貌过程研究进展［J］.水科学进展，2012，23(2)：286-294.

［15］Cowell P J，Thom B G. Morphodynamics of coastal evolution［M］//Carter R W G，Woodroffe C D. Coastal Evolution. Cambridge：Cambridge University Press，1995.

[16] Vriend H J D. Mathematical modelling and large-scale coastal behaviour[J]. Journal of Hydraulic Research, 1991, 29(6):741-753.

[17] Savenije H H G. Salinity and Tides in Alluvial Estuaries[M]. London: Elsevier Science Ltd, 2006.

[18] Schuttelaars H M, Swart H E. Multiple morphodynamic equilibria in tidal embayments [J]. Journal of Geophysical Research Atmospheres, 2000, 105(C10):24105-24118.

[19] Stive M J F, Wang Z B. Morphodynamic modeling of tidal basins and coastal inlets[J]. Elsevier Oceanography Series, 2003, 63: 367-392.

[20] Van Goor M A, Zitman T J, Wang Z B, et al. Impact of sea-level rise on the morphological equilibrium state of tidalinlets[J]. Marine Geology, 2003, 202(3):211-227.

[21] Townend I, Wang Z B, Stive M, et al. Development and extension of an aggregated scale model: Part 2 - extensions to ASMITA[J]. China Ocean Engineering, 2016, 30 (4):483-504.

[22] Wang Z B, Louters T, Vriend H J d. Morphodynamic modelling for a tidal inlet in the Wadden Sea[J]. Marine Geology, 1995, 126(1-4):289-300.

[23] 贺松林, 丁平兴, 孔亚珍, 等. 湛江湾沿岸工程冲淤影响的预测分析 I. 动力地貌分析 [J]. 海洋学报, 1997, 19(1):55-63.

[24] Lesser G R. An approach to medium-term coastal morphological modelling[M]. Boca Raton: CRC Press, 2009.

[25] Lesser G R, Roelvink J A, Van Kester J, et al. Development and validation of a three-dimensional morphological model[J]. Coastal Engineering, 2004, 51(8-9): 883-915.

[26] Roelvink J A. Coastal morphodynamic evolution techniques[J]. Coastal Engineering, 2006, 53(2-3):277-287.

[27] Bolle A, Wang Z B, Amos C, et al. The influence of changes in tidal asymmetry on residual sediment transport in the Western Scheldt. [J]. Continental Shelf Research, 2010, 30(8):871-882.

[28] Cayocca F. Long-term morphological modeling of a tidal inlet: The Arcachon Basin, France[J]. Coastal Engineering, 2001, 42(2): 115-142.

[29] Friedrichs C, Aubrey D. Non-linear tidal distortion in shallow well-mixed estuaries: a synthesis[J]. Estuarine Coastal & Shelf Science, 1988, 27(5):521-545.

[30] Kreeke J, Robaczewska K. Tide-induced residual transport of coarse sediment: Application to the EMS estuary [J]. Netherlands Journal of Sea Research, 1993, 31 (3):209-220.

[31] Guo L, Wegen M V D, Roelvink D, et al. Long-term, process-based morphodynamic modeling of a fluvio-deltaic system, part I: The role of river discharge[J]. Continental Shelf Research, 2015, 109: 95-111.

[32] Wegen M V D. Modeling morphodynamic evolution in alluvial estuaries[M]. Boca Raton: CRC Press, 2010.

[33] Wegen M V D, Roelvink J A. Reproduction of estuarine bathymetry by means of a process-based model: Western Scheldt case study, the Netherlands[J]. Geomorphology, 2012, 179: 152-167.

[34] Hu K, Ding P, Wang Z, et al. A 2D/3D hydrodynamic and sediment transport model for the Yangtze Estuary, China[J]. Journal of Marine Systems, 2009, 77(1): 114-136.

[35] Guo L C, Wegen M V D, Roelvink J A, et al. The tidal channel morphodynamics in the Yangtze Estuary: a case of the South Branch[C]//Proceeding of the 7th International Conference on Coastal Dynamics. Arcachon, 2013.

[36] Kuang C, Liu X, Gu J, et al. Numerical prediction of medium-term tidal flat evolution in the Yangtze Estuary: Impacts of the Three Gorges project[J]. Continental Shelf Research, 2013, 52(1): 12-26.

[37] 栾华龙. 长江河口年代际冲淤演变预测模型的建立及应用[D]. 上海: 华东师范大学, 2017.

[38] Uddin M J, Hossain M M, Ali M S. Local scour around submerged bell mouth groin for different orientations [J]. Journal of Civil Engineering, 2011(1): 1-17.

[39] 贾国珍, 佘俊华, 王涛, 等. 淹没丁坝坝后水流结构 PIV 试验研究[J]. 水电能源科学, 2012, 30(3): 84-88.

[40] 窦国仁. 丁坝回流及其相似律的研究[J]. 水利水运科技情报, 1978(3): 1-24.

[41] 孙志林, 倪晓静, 许丹. 丁坝周围流动图像与局部冲刷深度[J]. 浙江大学学报(工学版), 2017, 51(11): 102-109.

[42] 陆婷婷. 导堤型河口航道淤积方式及长江口深水航道回淤研究[D]. 天津: 天津大学, 2014.

[43] 王厚杰, 杨作升, 李海东. 黄河口泥沙输运三维数值模拟 II——河口双导堤工程应用 [J]. 泥沙研究, 2006(2): 29-36.

[44] 张玮, 周凯. 灌河口双导堤整治工程对岸滩演变的影响分析[J]. 水运工程, 2009(10): 41-46.

[45] 刘鹏飞. 射阳河口拦门沙航道治理对导堤结构型式的探讨[J]. 水运工程, 1989(11): 32-36.

[46] 刘红, 虞志英, 张华, 等. 连云港工程建设对周边海域地形影响分析[J]. 中国港湾建设, 2015(1): 6-11.

[47] 应强. 淹没丁坝附近的水流流态[J]. 河海大学学报: 自然科学版, 1995, 23(4): 62-68.

[48] Sun M, Ni Y, Wu X. The Numerical Simulation About Transport Of Suspended Sediment Due To Dredging Soil Dumped For The Waterway Regulation[M]//Tan S K, Huang Z. Asian and Pacific Coasts 2009. Singapore: World Scientific, 2015: 237-244.

[49] 潘仁良, 朱慧芳. 长江口北槽航道淤积过程的动态系统数学模拟[J]. 长江流域资源与环境, 1996, 5(2): 177-181.

[50] 王涛, 李家春. 长江口拦门沙地区泥沙输运[J]. 力学与实践, 1997, 19(6): 33-36.

[51] Dou Xiping, Li Tilai, Dou Guoren. Numerical model of total sediment transport in the

Yangtze Estuary[J]. China Ocean Engineering, 1999, 13(3):277-286.

[52] 窦希萍. 长江口深水航道回淤量预测数学模型的开发及应用[J]. 水运工程, 2006(S₂): 159-164.

[53] 徐福敏, 严以新, 茅丽华. 长江口九段沙下段冲淤演变水动力机制分析[J]. 水科学进展, 2002(2):166-171.

[54] 曹振轶, 朱首贤, 胡克林. 感潮河段悬沙数学模型——以长江口为例[J]. 泥沙研究, 2002(3):64-70.

[55] 曹振轶, 胡克林. 长江口二维非均匀悬沙数值模拟[J]. 泥沙研究, 2002(6):66-73.

[56] 李国杰, 李世森, 胡建平, 等. 河口垂向二维悬沙输移数学模型[J]. 水道港口, 2006(6):352-356.

[57] 刘杰, 陈吉余, 徐志扬. 长江口深水航道治理工程实施后南北槽分汊段河床演变[J]. 水科学进展, 2008(5):605-612.

[58] 谈泽炜, 范期锦, 郑文燕, 等. 长江口北槽航道回淤原因分析[J]. 水运工程, 2009(6):91-102.

[59] 谈泽炜, 范期锦, 高敏, 等. 长江口航道治理研究新进展[C]//中国海洋工程学会. 第十四届中国海洋(岸)工程学术讨论会论文集(下册). 北京:海洋出版社, 2009:889-900.

[60] 刘猛, 戚定满, 李为华. 长江口北槽深水航道回淤量变化对波浪响应分析[C]// 中国水利学会. 中国水利学会 2013 学术年会论文集. 北京:中国水利水电出版社, 2013:1581-1587.

[61] 刘猛, 马恒力, 胡志锋, 等. 长江口北槽南导堤两侧高滩变化及影响分析[J]. 泥沙研究, 2014(6):58-62.

[62] 窦润青. 长江口北槽落潮分流比变化原因的分析研究[D]. 上海:华东师范大学, 2013.

[63] 冯凌旋. 长江口南北槽分流口演变及其对北槽深水航道整治工程的响应[D]. 上海:华东师范大学, 2010.

[64] 谢华亮, 戴志军, 李为华, 等. 长江口南北槽分流口动力地貌过程研究[J]. 应用海洋学学报, 2014(2):151-159.

[65] 付桂. 长江口近期来水来沙量及输沙粒径的变化[J]. 水运工程, 2018(2):105-110.

[66] 蒋杰. 长江口浑浊带核心区北槽水动力特征研究[J]. 海洋学报, 2019, 41(1):11-20.

[67] Delft 3D[M]// Encyclopedia of Hydrological Sciences. 2006.

[68] Rijn L C V, Nieuwjaar M W C, Kaay T V D, et al. Transport of fine sands by currents and waves[J]. Journal of Waterway Port Coastal & Ocean Engineering, 1993, 119(2):123-133.

[69] Rijn L C V, Walstra D-J R, Ormondt M V. Unified view of sediment transport by currents and waves. IV: Application of morphodynamic model[J]. Journal of Hydraulic Engineering, 2007, 133(7):776-793.

[70] Partheniades E. Erosion and deposition of cohesive soils[J]. Journal of the Hydraulics Division, 1965, 91(1):105-139.

[71] Buschman F A, Hoitink A J F, Wegen M V D, et al. Subtidal flow division at a shallow

tidal junction[J]. Water Resources Research，2010，46(12):137-139.

[72] Winterwerp J C . On the sedimentation rate of cohesive sediment[J]. Proceedings in Marine Science，2007，8:209-226.

[73] 陈曦.长江口细颗粒泥沙静水沉降试验研究[D].青岛:中国海洋大学,2013.

[74] 丁磊,陈黎明,缴健,等.长江口水源地取水口盐度对径潮动力的响应[J].水利水运工程学报，2018，171(5):14-23.

[75] Roelvink D，Reniers A. A Guide to Modeling Coastal Morphology[M]. Singapore: World Scientific，2012.

[76] Chu A，Wang Z,Vriend H J D. Analysis on residual coarse sediment transport in estuaries[J]. Estuarine Coastal & Shelf Science，2015，163:194-205.

[77] Guo L，Wegen M，Roelvink J A，et al. The role of river flow and tidal asymmetry on 1-D estuarine morphodynamics[J]. Journal of Geophysical Research Earth Surface，2015，119(11):2315-2334.

[78] Guo L，Mick V D W，Jay D A，et al. River-tide dynamics: Exploration of nonstationary and nonlinear tidal behavior in the Yangtze River Estuary[J]. Journal of Geophysical Research Oceans，2015，120(5):3499-3521.

[79] Ganju N K，Jaffe B E，Schoellhamer D H. Discontinuous hindcast simulations of estuarine bathymetric change: A case study from Suisun Bay, California[J]. Estuarine Coastal & Shelf Science，2011，93(2):142-150.